卫星气象观测
——海洋气象应用技术

谢　涛　瞿建华　鄢俊洁　郭雪星／主编

气象出版社
China Meteorological Press

内容简介

本书介绍了著者有关卫星气象观测领域中海洋气象应用技术的研究成果,成果主要基于多源气象卫星遥感反演多种海洋气象卫星监测产品,主要内容包括台风、洋面风、海洋热焓、降水、海雾、强对流等遥感监测产品反演关键技术的研究发展现状,相关气象卫星数据处理与应用,算法原理与流程、结果验证以及产品结果展示等,形成理论与业务化相结合的海洋卫星监测产品生成技术专著,可为读者应用相关卫星数据实现海洋气象卫星监测产品反演和进一步研发提供技术方法指导。

本书适用于物理海洋、海洋遥感、海洋气象、天气分析和预报等专业领域,也可为相关领域的教学科研人员和研究生提供理论与技术参考。

图书在版编目（ＣＩＰ）数据

卫星气象观测 ：海洋气象应用技术 / 谢涛等主编
. -- 北京 ：气象出版社，2022.10
ISBN 978-7-5029-7840-2

Ⅰ．①卫… Ⅱ．①谢… Ⅲ．①气象卫星－卫星遥感－应用－海洋气象－气象观测 Ⅳ．①P732

中国版本图书馆CIP数据核字(2022)第200442号

Weixing Qixiang Guance——Haiyang Qixiang Yingyong Jishu

卫星气象观测——海洋气象应用技术

谢　涛　瞿建华　鄢俊洁　郭雪星　主编

出版发行：气象出版社	
地　　址：北京市海淀区中关村南大街 46 号	邮政编码：100081
电　　话：010-68407112(总编室)　010-68408042(发行部)	
网　　址：http://www.qxcbs.com	**E-mail**：qxcbs@cma.gov.cn
责任编辑：张锐锐　郝　汉	终　审：吴晓鹏
责任校对：张硕杰	责任技编：赵相宁
封面设计：楠竹文化	
印　　刷：北京建宏印刷有限公司	
开　　本：787 mm×1092 mm　1/16	印　张：9.5
字　　数：280 千字	
版　　次：2022 年 10 月第 1 版	印　次：2022 年 10 月第 1 次印刷
定　　价：98.00 元	

编委会

序
PREFACE

　　相对于对陆地气象的卫星观测技术发展，气象卫星在海洋气象应用方面的技术发展较为滞后，由于海上验证数据的缺乏，相关参数反演与信息提取理论与方法在海洋气象应用方面存在瓶颈，本专著根据中国气象局"海洋一期工程"中"天基气象观测分系统建设项目卫星海洋应用支撑系统"项目的成果，将主要介绍卫星台风观测和海洋气象监测技术成果，包括台风定位与路径观测，洋面风反演、融合洋面温度反演海洋热焓、海雾监测、海上降水估计和海上强对流监测技术。

　　在多源卫星观测资料处理和加工方面：卫星海洋应用支撑系统监测产品制作需要用到多源卫星影像数据，通过自动作业流程实现以上数据的收集及预处理，为监测产品制作提供数据支持。搜集和处理国外海洋卫星气象产品形成不少于5年的历史背景格点场数据集，用于完成卫星产品算法确认与真实性检验工作的支持。台风客观定位分析中融合多源卫星资料进行台风云系判识及台风中心定位，为台风路径预报分析提供参考。在卫星海洋气象监测分析方面，基于多源卫星影像数据可提供多种海洋气象监测产品，包括洋面风风向风速要素产品、融合洋面温度反演海洋热焓产品、海雾产品、海上降水估计产品和海上强对流产品等。在卫星海洋应用监测产品质量检验方面：利用海基、岸基观测数据或国外公认的分析场产品对本系统生成的监测产品开展准确性检验，通过时空匹配过程，提取检验数据与检验源数据同名点观测要素，计算均值、方差及相关系数等特征量，验证卫星海洋监测产品的准确性。课题组在项目实施过程中遇到不少理论和业务化技术难点，经过参与人员的协同攻关这些难题逐一得到了解决。

　　本专著注重理论与业务化实践的结合，专著内容是课题组与国家卫星气象中心、企业共同进行攻关的业务化项目成果，有一定的理论水平和业务化水平，是卫星遥感海洋气象应用业务化的实践经验总结，也是一本很好的业务参考书籍，希望该书能为研究人员和企业技术人员提供相关理论参考与关键技术支撑。

王参军

2022.9.12

前　言
PREFACE

　　卫星遥感产品越来越成为地球系统数值模拟与预报技术不可或缺的全球化、高频次、高分辨率的输入数据。特别是卫星气象观测技术在海洋气象领域的应用，为海-气-冰等数值模式资料同化提供了高效和高精度的数据基础和同化效果。对提高海洋气象模式预报精度增添了重要的理论依据和技术支撑。

　　作者衷心感谢国家自然科学基金（42176180）和国家重点研发计划（2021YFC2803302）对本书的资助。

　　本书由谢涛、瞿建华、鄢俊洁、郭雪星主持编写。由谢涛、瞿建华、鄢俊洁、郭雪星、冉茂农、白淑英、张雪红、赵立、张晓芸、郎紫晴、田昊、陈佳俊、张月共同编写。

　　各章执笔如下。第 1 章：谢涛、瞿建华、鄢俊洁、郭雪星、冉茂农、白淑英、张雪红、赵立、张晓芸、郎紫晴、田昊、陈佳俊、张月。第 2 章：谢涛、陈佳俊、瞿建华。第 3 章：谢涛、赵立、鄢俊洁、郭雪星。第 4 章：冉茂农、张月、白淑英。第 5 章：谢涛、田昊、赵立。第 6 章：谢涛、郎紫晴、张雪红。第 7 章：谢涛、张晓芸。谢涛、郎紫晴对书稿进行了统稿。

　　本书有幸邀请王会军院士在百忙之中作序，在此深表衷心的感谢。由于时间和水平有限，本书难免有疏漏和不足之处，诚请读者原谅。

作者

2022 年 9 月

目　录
CONTENTS

第1章　绪　论

1.1　台风卫星观测的国内外研究进展

1.1.1　基于常规观测资料的台风监测研究进展

传统的台风监测相关研究主要是基于台风路径的常规观测资料开展的。Raghavendra[1]分析了 1890—1969 年袭击孟加拉湾的热带低压、热带风暴和强热带风暴的个数特征;Subbaramayya 和 Rao[2]利用 1880—1979 年的统计资料研究了后季风季干扰孟加拉湾的台风频数变化趋势;Imamura[3]分析了 1954—1991 年台风在越南的年际和月际分布;Patwardhan 和 Bhalme[4]研究了 1891—1998 年影响印度及其附近海域的热带风暴和热带低压的年际和季节性变化;Alam 等[5]分析了 1974—1999 年的热带风暴和热带低压在孟加拉湾不同沿海地区的月际分布;Fogrty 等[6]调查了在中国登陆的台风的年际变化;另外,Zandbergen[7]根据热带气旋路径,并结合热带气旋风圈半径计算方法,通过 GIS(地理信息系统)的缓冲区分析,探讨 1851—2003 年大西洋热带气旋在美国的分布,将热带气旋的空间分布研究扩展到美国内陆地区。

在国内,梁必骐等[8]利用 1949—1993 年的统计资料,分析了影响和登陆中国的热带气旋的逐月分布和强度等级;肖庆农等[9]应用有限区域数值预报模式,根据不同的积云参数化方案对 1994 年第 6 号台风登陆后的移动规律及其降水分布进行了数值模拟试验,结果表明,积云对流参数化对于台风移动及其降水分布影响极大;李英等[10]参考了中国气象局《台风年鉴》和《热带气旋年鉴》资料,统计分析了 1970—2001 年西北太平洋台风在中国登陆的时间分布和地区分布;王晓芳和李红莉[11]利用 1949—2001 年西北太平洋台风资料,分析了登陆中国的台风的月际、年际、年代际差异以及登陆时间的日变化特征;胡娅敏等[12]采用统计方法对比分析了 1949—2006 年登陆中国台风的频数、强度和登陆地点;王小玲和任福民[13]利用美国联合台风警报中心(JTWC)和中国气象局(CMA)两份台风资料对比分析了 1965—2004 年影响中国的台风的频率和强度变化;朱建和何海滨[14]利用第五代美国 NCAR/宾州州立大学的中尺度模式(MM5)对 0604 号热带风暴"碧利斯"和 0605 号台风"格美"进行了数值模拟分析,结果表明,热带风暴"碧利斯"登陆后受到西南季风槽的影响,水汽、动力和能力条件较好,在华南产生持续降水,造成严重洪涝灾害。

1.1.2　基于气象卫星遥感的台风监测研究进展

20 世纪 60 年代发展起来的气象卫星遥感是气象探测技术的重大突破。它所提供的卫星云图资料,在时间和空间上的连续性是以往任何探测手段所不能比拟的。卫星云图以其时空分辨率高、覆盖面广的特点,在气象领域得到了广泛应用。它弥补了高原无人烟区、沙漠地区和海洋区常规探测手段的不足。卫星云图在气象业务保障、短中长期预报、数值气象预报、气候分析和预测、天气系统的跟踪及强对流天气的跟踪和预测等方面发挥了极其重要的作用[15-17]。随着气象卫星探测的时间分辨率和空间分辨率的不断提高,卫星云图逐渐成为监测台风的最主要手段。

Hayden[18]研究了基于 CMSS/NESDIS 的云导风推导中的自动质量控制,对解决云导风用于台风中心定位的关键问题作了铺垫;刘正光等[19]提出了一种利用云导风矢量图求出与台风移动的矢量大小和方向一致的最密集区,经过数学形态学处理后得到台风中心的方法;许健民等[20]介绍了云导风推导和应用进展,指出了云导风在台风中心定位中的前景;余建波[21]利用国产的 FY-2C 气象卫星云图进行云的分类识别及台风的分割和定位,取得了良好的效果。何慧等[22]利用 NCEP/NCAR(美国国家环境预报中心/美国国家大气研究中心)的逐日和逐月平均再分析资料和 NOAA(美国国家海洋和大气管理局)卫星观测的逐日资料,分析了 0814 号强台风"黑格比"引发华南西南部严重暴雨洪涝特征及其成因。李英等[23]基于上海台风研究所的台风资料和 FY-2 卫星 0.5 h 一次的遥感资料等,研究了台风登陆过程中发生的结构变化,并分析了台风的强度、路径以及风雨分布等一系列的变化。

1.1.3　基于微波遥感的台风监测研究进展

微波散射计是获得大范围海面风场资料的最主要传感器。散射计具有全天候、全天时、高覆盖度的观测能力,同时只有微波散射计可以给出海面风矢量(风向和风速)。因此散射计风资料的应用得到广泛重视,其所获取的风场信息广泛应用于天气预报、风暴潮监测等领域[24]。星载散射计受云、雨等因素影响较小,可以昼夜观测以及快速覆盖感兴趣域,这使其在一些极端天气状况,如热带风暴的监测和预报中发挥了重要作用[25]。

到目前为止,已成功发射的星载散射计主要包括:Seasat-A/SASS、ERS-1,2/SCAT、NSCAT、QuikSCAT、SeaWinds、海洋一号、海洋二号等[26]。Seasat-A 散射计的成功实验不仅为反演海面风场的模式函数研究提供了宝贵的海面后向散射系数数据集,而且其反演的海面风矢量已被成功应用于全球数据同化和大洋环流的研究[27]。NSCAT 散射计的主要科学应用价值在于获得全天候条件下大面积的海面风场数据,用于研究各种时间、空间尺度范围内海气相互作用机制[28]。Ebuchi 和 Graber[29]通过比较 NSCAT-1 反演的风速和浮标数据,指出 NSCAT-1 模式函数反演的风速与真实值之间的关系。尽管 NSCAT 散射计只工作了 8 个多月,但其获得的风矢量数据在海洋学模式、气象数值预报、数据同化应用方面发挥了重要的作用。

作为 NSCAT 散射计的延续,美国分别于 1999 年和 2002 年发射了装载 SeaWinds 的卫星 QuikSCAT 和 ADEOS-2。Yueh 等[30]通过卫星 QuikSCAT 测量热带风暴发生时海面后向散射系数经验获得在极端风速条件下的地球物理模式函数,并将降雨率作为风场反演模式函数的参数之一。李江南等[31]利用卫星 QuikSCAT 资料对 2002 年的台风"黄蜂"近地层风场分布的演变特征进行了诊断分析,并采用了离散余弦转换对其方差的波谱结构进行了讨论。陈小燕等[32]综合利用 GFO、TOPEX/Poseidon、Jason-1 和 ENVISat 共 4 颗卫星高度计的有效高数据以及卫星 QuikSCAT 散射计的风场数据,统计分析了 0414 号"云娜"台风浪的时空分布特征以及台风期间风场和浪场之间的相互关系,研究结果较好地显示了台风的移动路径,该路径与美国国家航空航天局(NASA)提供的台风路径基本一致。邹巨洪等[33]利用 QuikSCAT 卫星有效监测海上台风路径和强度发展,为进一步推断台风的强度发展和移动趋势提供了帮助。

然而,QuikSCAT 卫星已严重超期服役,随时有可能出现故障。海洋一号、海洋二号是我国自行研制的海洋动力环境卫星,散射计是其搭载的主要微波遥感器之一,能够全天时、全天候对海面风场、浪场、重力场、高度场和温度场等进行观测,对提高台风路径、强度等信息的监测具有重要的作用。海洋二号散射计与 SeaWinds 相似,是继 SeaWinds 之后唯一在轨运行的笔形散射计,在海面风场观测及其他相关领域的应用中发挥重要作用。

1.2 海面风场卫星反演的国内外研究进展

1.2.1 微波辐射计风场反演研究进展

被动微波遥感是研究大气和海洋过程的重要工具,它可以提供大气水汽、云液态水、降雨率、海面温度(SST)、海面风速、海面盐度(SSS)等地球物理参数的昼夜观测[34]。这些卫星测量相较于现场测量提供了更大的观测范围,可以为科学家和预报员提供了解和研究全球天气和气候变化的重要信息。微波辐射计长期以来一直被用于测量海洋表面的风[35-38]。这些风场数据被用作数值天气预报和某些海洋环流模式的重要输入[39]。此外,海洋表面风也被用来研究气候和海气相互作用。

星载被动微波仪器主要工作在太阳同步轨道。目前正在运行的特殊传感器微波成像仪(SSM/I)是 SSM/I F15。卫星专用传感器微波成像仪/探测仪(SSMIS)是 SSM/I 的后继者,目前使用的仪器包括 SSMIS F16、SSMIS F17 和 SSMIS F18。搭载在 JAXA GCOM-W1 航天器上的先进微波扫描辐射计 2(AMSR2)于 2012 年 5 月 18 日发射,目前正在运行。WindSat 是首个星载无源偏振微波辐射计,不仅可以测量风速,还可以测量风向[40]。从这些卫星上可以获得许多风速产品,许多学者对这些产品进行了验证研究。浮标测量已被广泛用于验证卫星风速产品的准确性[41-44]。早期的研究比较了 1988—1991 年[45]、1986—1992 年[46]、1987—1997 年[47]、2000—2001 年[48]和 1992—2002 年[49]欧洲中期天气预报中心(ECMWF)再分析数据和从辐射计获得的卫星风数据。上述研究表明,星载被动微波辐射计测得的风与浮标测得的风之间的均方根误差(RMSE)小于 2 m/s。

1.2.2 微波散射计风场反演研究进展

星载散射计是一种专门用于测量全球海洋海面风速和风向的雷达系统。与其他卫星雷达系统相反,散射计能够从几个不同的天线望向方位角获得后向散射测量。由于风向对散射计测量结果的谐波调制,天线视向方位角的多样性对反演风向至关重要[50]。迄今为止,散射计的天线在卫星平台上配置为固定波束或旋转波束。在散射计系统的设计中,除了方位角,其他一些因素(如入射角、偏振和雷达频率)也是基于物理的考虑。欧洲星载散射计,即 ERS-1/SCAT、ERS-2/SCAT、MetOp-A/ASCAT(高级散射计)、MetOp-B/ASCAT 和 MetOp-C(2018年 11 月发射),都是固定波束散射计,在垂直极化(VV)的 C 波段频率下工作。所有旋转波束散射计,即 QuikSCAT/SeaWinds、ISS/RapidSCAT、Oceansat-2/OSCAT、SCATSAT-1/OS-CAT2、HY-2A/SCAT、HY-2B/SCAT(2018 年 10 月发射)和 CFOSAT/SCAT(2018 年 10 月发射),都在 Ku 波段频率上工作,具有 VV 和水平极化(HH)偏振。ADEOS-1/NSCAT 仪器是唯一具有固定扇形波束的 Ku 波段仪器。

1978 年 6 月 26 日,搭载首个微波散射计的卫星 SeaSat-A 成功发射。在此之后的几十年里,许多学者针对散射计数据开发了一系列风场反演算法,被广泛用于获取全球海面风场的信息。最成熟的风场反演算法基于经验地球物理模型函数(GMF),将归一化雷达截面(NRCS)与雷达测量几何和风矢量联系起来,如 C 波段 GMFCMOD4[51]、CMOD-Ifremer[52]、CMOD5[53]、CMOD5. N[54]、CMOD7[55],Ku 波段 GMFKu-2011[56]、NSCAT-4[57]、NSCAT-5[58]。散射计风速反演的校准/验证是建立可靠的操作产品的必要步骤。通过与浮标观测数据和数值天气预报数据比较,许多学者验证了反演算法的精度[59-61]。

1.3　海表面热焓国内外研究进展

　　IPCC(联合国政府间气候变化专门委员会)自 1990 年起多次提出:海洋是一个巨大的能量源,它拥有着无比强大的热力势能━━海洋热焓(海洋热含量,TCHP)。海洋热焓变化是评估气候变化的重要指标之一。海洋热焓的变异化导致大气环流的异常,进而影响全球气候变化[62],尤其是对热带气旋活动的变化趋势有着巨大作用,是台风灾害预报、防灾、减灾的热点研究对象。

　　科学家首次对 1955—1996 年地球上增加的热含量进行了量化估算,其中约有 80% 储存在大洋之中,这体现了海洋在全球地表温度变化中的重要作用[63]。西太平洋海域热含量的异常变化会导致整个太平洋地区的大气环流和海洋环流变异,进而影响全球气候变化[64]。Palmen[65]研究表明,上层海洋温度与台风发展有着重要关系,海面温度在某种程度上影响着台风发展,但不同强度台风发展时海面温度应达到什么样的定量值尚不明确。Gray[66]研究证明了海面温度超过 26℃ 对台风发展起促进作用。Leipper 和 Volgenau[67]定义了海洋热焓的概念,并详尽阐述了上层海洋有效热含量的物理意义。Emanuel[68]认为,自 20 世纪 70 年代开始,西北太平洋热带气旋的周期与气旋强度以增加的趋势发展。Eisner 等[69]发现在北大西洋和印度洋上 SST 升高,气旋强度会变强。Wada[70]、Shay 和 Brewster[71]、Oropeza 和 Raga[72]发现气旋强度和上层海洋温度结构有着紧密联系,绝大部分热带气旋在形成过程中经过西太平洋暖池、西北太平洋副热带区以及北大西洋暖池区时气旋强度都会增加,甚至达到最大值强度。Dare 和 Mcbride[73]的研究证明,热带气旋对海洋底层的热平衡有重大影响,并且在气旋强度等级范围和平移速度范围内,海洋表面热量快速和慢速恢复都可能发生。Malan 等[74]研究西南印度洋热带气旋热势(TCHP,即海表面到 26℃ 深度之间的热含量变化)及其变化规律时发现,由观测到的风及热通量驱动的海洋模式计算出的 TCHP 值与由 SODA(海洋同化数据)和 XBT(船载投弃式温深仪)观测值计算出的值十分接近。陈志伟等[75]发现海洋上层热含量的变化给台风带来多方面影响,海面温度并不是影响台风变化的主要因素。相较于海面温度,海洋热焓对台风的频数影响更明显。Busireddy 等[76]在利用全球海洋同化数据研究孟加拉湾地区的 TC(热带气旋)时,发现 TCHP 冷却模式在 TC 核心区表现出明显的缓慢移动、正常移动和快速移动的变化。杨军和宏波[77]分析南海东北部上层海域各要素对 2015 年第 10 号台风"莲花"的响应过程时发现,海面温度影响台风的移动路径和强度,并且两次显著的台风移动方向偏转均发生在台风下垫面温度发生显著改变的条件下。

　　因此,研究海洋热焓的变化可以更直观地探究海面温度与台风之间的密切关系,进一步揭示海洋动力过程和海气相互作用的机理,为热带气旋发展变化规律和气候变化预测等方面的研究提供科学依据。

1.4 海上强降水卫星观测的国内外研究进展

我国的沿海地区集中了 40% 左右的人口和一半以上的社会总财富,台风及台风所伴随的强降雨对该地区经济和人们生活影响巨大[78]。精确测量降雨一直是一项艰巨任务[79],降雨的精确观测和预报对防灾减灾有着重大的意义[80]。

微波成像仪和降雨雷达(PR)能够得到精确的降雨测量结果[81,82]。GPM 卫星携带的双频降雨雷达(DPR)可以获取全球的降雨信息[83,84],并能够精确监测剧烈和频繁变化的降雨系统[85]。微波能够穿透云雨,观测到地表的辐射信息[86],例如,GPM 中使用的被动微波传感器(PMW)降雨估计值[87],该传感器的降雨反演主要基于 Goddard Profiling(GPROF)预测算法[88,89]。先进微波探测器(AMSU)降雨反演算法主要基于微波辐射传输方程,采用线性统计回归的方法对垂直积分云中液态水含量和总的可降雨含量进行探测[90]。微波传感器能够精确监测变化剧烈且频繁的降雨,学者们建立了一些被动微波亮温(TB)与降雨率的回归关系[91,92],例如,我国学者基于卫星 FY-3C 微波探测仪的数据,提出多元线性回归、神经网络等台风降雨的反演算法[93,94]。由于单一传感器测量的局限性,国内外学者结合不同降雨产品和雨量站测量值,提出了更精确的降雨反演算法,其中比较有代表性的两种算法是 NCEP 采用的 TRMM(热带降雨测量任务)多卫星降雨分析(TMPA)算法[95]和 NOAA 气候预测中心(CPC)的 Morphing(CMORPH)降水反演技术[96]。除极轨卫星的降雨反演算法外,基于静止卫星的 GOES(地球静止环境业务卫星)降雨指数(GPI)算法使用广泛且简单易懂,但也有很大的缺陷[97]。为提升 GPI 算法精度,继而发展了基于 GPI 的调整算法[98-100],目前使用最广泛的 GOES 多光谱降雨(GMSRA)算法,使用 GOES 卫星的 $0.65~\mu m$、$3.9~\mu m$、$6.7~\mu m$、$11~\mu m$ 和 $12~\mu m$ 五个通道的数据筛选非雨云像素[101]。自校准预测器(SCaMPR)[102]结合 GOES 多光谱降雨算法和自动估计(AE)算法[103]反演降雨,该算法使用 GMSRA 算法判别有雨无雨像素,使用 AE 算法红外亮温与降雨率之间的关系计算降雨率,AE 算法主要推导对流降雨,以高时空分辨率的强降雨为研究对象[104]。降雨产品的广泛使用,导致人们越来越关注降雨产品及算法的性能。国内外学者通过对降雨产品及反演算法进行评估,分析影响降雨反演误差的因素。降雨产品的精度受到所在地域的影响,在陆地和海洋之间有一个非常明显的断层[105]。卫星所观测地区的海拔高度以及下垫面对降雨算法的反演能力同样会产生影响[106]。除地域影响以外,降雨反演产品的月度和季度偏差也不一致[107],当雨量不同时,如,短时间的强降雨[108]、低降雨和中等降雨[109],降雨算法也会表现不同的性能。

1.5 海雾卫星观测的国内外研究进展

1.5.1 基于卫星日间海雾识别研究进展

近些年卫星遥感技术不断发展,相比于沿海或海上的气象站点等有限的观测数据,遥感数据从观测范围、时间周期等角度均具有很大的优势。从 20 世纪 70 年代开始,国内外学者尝试利用云雾在遥感辐射特性上的差异进行云雾识别研究。1973 年 Hunt[110]发现雾或低云在中红外通道($3.7~\mu m$)和热红外通道($11.0~\mu m$)的亮温差与其他地物有明显的区别,基于这一理论国内外学者开始了应用遥感数据对海雾识别监测的研究。常用的遥感卫星分类如表1.1所示。

表 1.1　海雾识别的遥感卫星介绍

卫星名称	轨道	传感器	简称	空间分辨率	时间分辨率	波段数
NOAA	极轨	甚高分辨率辐射计	AVHRR	1.1 km	2次/d	5
Terra	极轨	中分辨率成像光谱仪	MODIS	0.25~1 km	1次/d	36
CloudSat	极轨	云剖面雷达	CPR	垂直:240 m 水平:2.5 km×1.4 km	16 d	1
CALIPSO	极轨	云-气溶胶激光雷达	CALIOP	垂直:30 km 水平:333 m	16 d	2
GOES(四代)	静止	可见光和红外自旋扫描辐射计	VISSR	1~4 km	1次/h	5
GOES(五代)	静止	可见光和红外自旋扫描辐射计	VISSR	1~2 km	4次/h	16
GMS-5	静止	可见光和红外自旋扫描辐射计	VISSR	1.25~5 km	8次/d	4
MTSAT	静止	扫描成像仪	—	1~4 km	2次/h	5
COMS	静止	静止轨道海洋水色成像仪	GOCI	0.5 km	8次/d	8
Himawari-8	静止	增强"向日葵"成像仪	AHI	0.5~2 km	6次/h	16
FY-2	静止	可见光和红外自旋扫描辐射计	AHI	1.25~5 km	1次/h	5
FY-4	静止	多通道扫描成像辐射计	AGRI	1.5~4 km	4次/h	14

　　利用遥感卫星进行日间海雾识别研究,通过不同地物光谱信息差异识别低层云雾是其主要思路。传统的阈值法对可见光波段的反射率以及中红外与热红外的亮温差进行识别监测,近些年随着更高质量的卫星数据出现,国内外学者也在通过不同卫星数据改进不同的识别算法。Ryu 和 Hong[111]基于归一化积雪指数(NDSI)和可见光波段(0.51 μm)的回归关系,利用葵花8号(Himawa-8)卫星数据有效地实现日间海雾识别。Zhuge 等[112]基于葵花8号数据提出利用 0.46 μm、0.64 μm 和 0.86 μm 三个通道快速检测云算法。吴晓京等[113]基于FY-2E卫星数据建立一套基于动态阈值以及纹理噪声检测等步骤的海雾检测算法,识别结果稳定并已投入业务使用。衣立[114]通过 MODIS 卫星数据分析目标物在可见光、短红外、中红外以及远红外波段的光谱,应用静态阈值法、NDSI 以及海陆模板等方法识别海雾,并借助站点探空数据、青岛 L 波段雷达数据等进行对比验证,验证海雾反演方法的准确性。田永杰等[115]基于海雾与其他地物的光谱特征差异建立一套针对 FY-2E 卫星数据的白天海雾检测算法。邓玉娇等[116]利用 FY-2E 的 VIS,IR1,IR4 波段建立雾判识指数与平稳稳定度,进一步实现海雾与低云的分离,得到海雾的监测小时产品。蒋璐璐和魏鸣[117]利用 FY-3A 卫星数据对我国东部沿海进行日间海雾监测,并估算了海雾的能见度等特征参数。张春桂和林炳青[118]针对台湾海峡的海雾、云和典型下垫面的可见光、热红外和中红外的光谱差异,建立台湾海峡海雾监测模型,并得到逐小时的海雾检测产品,实现对海雾的动态监测。Yuan 等[119]利用 GOCI 卫星数据基于 SLDI、MCDI 和 BSI 三个指数分别区分海陆、中高云以及低云与雾,并利用沿海测站数据对其进行验证,表明该算法具有检测海雾的能力。王峥等[120]以黄海为例,分析海雾、海水和云在 GOCI 卫星影像上的光谱特征,利用波段比较法和波段运算实现对海雾的提取。张培和吴东[121]利用 CALIOP 数据选取样本点,并将样本点应用到海雾监测阈值选定中,建立一套基于 Himawari-8 日间海雾检测算法。Andrews 和 Bright[122]基于 Himawari-8 利用双谱图像

处理(BIP)方法识别雾区。

近几年学者也开始从机器学习角度进行海雾识别,Kim 等[123]基于决策树(DT)方法,应用 GOGI 和 Himawari-8 数据进行海雾检测,证明了 GOCI 卫星数据以及决策树方法在海雾应用方面的可靠性。刘树霄等[124]利用深度学习构建神经网络,实现对日间海雾检测,进行日间黄海海雾识别,得到识别结果与阈值法识别结果对应一致,但结果受训练样本标签影像较大,训练样本集有待提高。司光等[125]利用深度学习构建 DNN 模型,实验证明 DNN 模型在海雾识别中有较好的泛化性能,可以有效识别海雾。黄彬等[126]使用 D-LinkNet 深度卷积神经网络语义分割算法对黄渤海区域的海雾进行监测,采用均交并比和观测值检验作为评价指标,为海雾监测提供科学参考。

利用被动遥感卫星识别海雾也有一定的缺陷,其接收的只是最上层地物信息,识别过程会有一定的误差,所以应用主动遥感卫星在海雾垂直探测中是必不可少的。CALIOP 数据提供了云层的垂直高度信息,为光学遥感影像识别海雾提供了理论依据[127]。卢博[128]结合星载激光雷达(CALIOP)的垂直特征分类产品(VFM)和一级后向散射系数检测日间海雾,与国际综合海气数据集(ICOADS)数据得到的海雾频率分布进行验证,证明了 CALIOP 数据的可行性。魏书晓[129]利用 CALIOP 数据,对得到样本的光谱特性进行统计分析,将其应用到 MODIS 阈值设定中,对海雾的几何厚度和光学厚度的关系进行验证,反演得到海雾的能见度。赵经聪等[130]通过研究 CALIOP 海表误判区衰减后向散射特性,得出海表误判区为海雾这一结论,拓展了获取海雾样本的来源。赵耀天和吴东[131]探究星载激光雷达(CALIOP)和毫米波测云(CPR)两种雷达数据在海雾监测中的应用,在多层云雾遮盖的情况下,可以应用二者互相补充,对于海雾检测具有一定意义。针对日间海雾识别,从遥感图像处理本身出发,利用经验对遥感影像进行目视解译,或分析应用云雾区影像像素分布的空间纹理特征。从图像上得出雾与其他地物在纹理上有所不同,雾顶纹理显示光滑且均一,而云层凹凸不平,借助空间像素关系区分也是重要步骤[132]。

1.5.2　基于卫星夜间海雾识别研究进展

海雾常发生于夜间或凌晨,其对夜航等海上行动产生威胁,所以利用遥感数据进行夜间海雾有效监测也同等重要,夜间海雾识别主要依靠红外数据进行区分。Hunt 提出小粒子云在 $3.7~\mu m$ 的比辐射率要低于 $11~\mu m$ 波段这一辐射特性之后,Eyre 等[133]利用 NOAA 卫星上的高分辨率辐射仪(AVHRR)的 $3.7~\mu m$ 和 $11~\mu m$ 的亮温差进行海雾识别,形成了目前业务上夜间雾检测方法——双通道差值法。马慧云等[134]基于 MODIS 中的热红外波段(MODIS27、MODIS28、MODIS34、MODIS35),通过对水、云、雪、雾进行采样,得到各地物光谱曲线分析,实现对夜间平流雾的检测。Hu 等[135]用美国对地观测卫星(NPP)搭载的可见光红外成像辐射仪(VIIRS)数据,对雾/低层大气反射率对各种影响因素的敏感性进行分析,建立反射阈值查找表,提出基于辐射传输特性(MRTC)的阈值算法。以上是基于极轨卫星进行的夜间海雾识别,其较高空间分辨率和丰富的光谱信息有效提高了海雾识别精度,但很难实现连续时间动态监测。随着近些年国内外静止轨道卫星的发展,对于很多雾的监测识别研究逐渐倾向于时间分辨率较高的卫星,其能够实现夜间雾的动态跟踪。赵诗童等[136]详细描述了基于日本葵花 8 号数据对夜间陆地雾的双通道差值法、温度插值法和归一化大雾指数三种识别以及适用性对比分析,为其应用在夜间海雾识别提供参考。王宏斌等[137]利用葵花 8 号卫星数据基于 $3.9~\mu m$ 和 $11.2~\mu m$ 通道亮温差法与 $3.9~\mu m$ 伪比辐射率两种方法进行夜间雾识别,发现两种方法均可准确识别不同等级的雾,$3.9~\mu m$ 伪比辐射率准确率略优,与 CALIPSO 数据的二级产品对应一致。郝姝馨等[138]基于日本葵花 8 号数据与韩国静止气象卫星 GEO-KOMP-SAT2A(GK-2A)数据,分析海雾在葵花 8 号数据中中红外通道数据和 6 个热红外通道的红外亮温特征,利用一般云系分离指数、多通道亮温差斜率指数和中红外亮温纹理指数,提出基于多指数概率分布的夜间海雾监测算法,能有效监测黄渤海地区的海雾。

1.6 海上强对流卫星观测的国内外研究进展

常规探空观测资料对强对流天气的预报和研究,受其时空分辨率低的限制,并不能满足追踪、分析和研究强对流的需要。而天气雷达探测降水也受探测半径和波段单一的限制。随着静止气象卫星探测能力的增强,卫星遥感资料观测范围广、时空分辨率高的突出特点,是其他资料所无法比拟的,因此卫星数据已逐渐成为分析、研究、监测和预警中尺度对流系统(MCS)的主要数据来源。

Mecikalski 和 Bedka[139]综合利用红外亮温、红外水汽亮温差、分裂窗通道亮温差、可见光以及亮温数据的时序变化,对白天对流云的不同阶段进行识别,并对可见光图像进行纹理分析,以剔除厚卷云的影响。Inoue[140]研究证明,通过分裂窗通道间亮温差可以较好地区分强对流云和卷云。Ackerman[141]发现,云图中红外与水汽波段的亮温负值区域与强对流上冲云顶有很好的对应关系。Welch 等[142]用灰度共生矩阵方法对 Landsat 卫星图像进行云分类分析并取得了好的结果。Arking 等[143]对云团做傅里叶变换,并使用傅里叶相位差估计云团的移动。Endlich 等[144]通过提取云团的特征量,用模式匹配技术追踪云团,并计算连续图像上云团亮温质心的位移,作为云团移动的参考。Zinner 等[145]结合识别区域云图的位移矢量场与相邻时次的光谱图像,确定出云图中存在强烈对流发展的区域。Szejwach[146]通过理论证明同一区域的卷云的水汽和红外通道亮温具有线性关系,并基于此关系进行卷云云高的判断。Leila 和 Charles[147]提出,利用卫星图像,通过最大空间相关性识别 MCS 结构信息的方法,该方法运用了连续红外图像,其核心是能自动确定 MCS 生命史循环,MCS 的亮温平均值、最小值和变化量、水平面积、周长、质心都被看作是 MCS 的结构属性,根据连续图像空间相关性的大小和水平面积的变化来确定 MCS 的发展阶段,从而进行跟踪。

刘延安等[148]基于 FY-2 高分辨率卫星云图对云团位置进行预报时,发现采用云团质心较最低亮温中心更为优越。肖笑和魏鸣[149]发现,相对于亮温阈值法,根据像素在红外-水汽散点图中的分布特性识别强对流云,能够较好地区别卷云和强对流云,也能更有效地识别未达到旺盛阶段的对流云。蔡叔梅等[150]针对不同发展阶段的云团,用不同的温度阈值实现了对云团生命过程的完整追踪。尹跃等[151]基于 FY-2C 多通道亮温数据及通道间亮温差数据,使用云分析法和聚类方法对云进行分类试验,并与 FY-2C 业务云产品进行对比,结果显示,聚类分析方法要优于云产品分类结果。白洁等[152]采用区域平滑滤波和阈值剔除相结合的方法,对强对流云团进行识别与追踪;李汇军和孔玉寿[153]应用连续小波基函数变换法提取对流云团,实现强对流云团边界的分割;刘显通和刘奇[154]研究表明,引入云顶红外亮温信息后,降水云的识别能力相较仅采用光学厚度和有效半径信息有了明显的提高。郑永光等[155]利用多年静止气象卫星逐时红外亮温资料,对夏季中国及周边地区的中尺度对流系统活动情况进行了统计分析,结果表明低于 −52℃红外亮温的统计特征可以较好地展现该地区夏季对流系统时空分布的基本气候特征。

参考文献

[1] Raghavendra V K. A Statistical an alysis of the number of tropical stermsand depresions in the bay of Bengal during 1890—1969[J]. Indian Journal of Meteorology and Geophysics,1973,24 (14):125-130.

[2] Subbaramayya I,Rao S R. Frequency of bay of Bengal cyclones in the post monsoon season[J]. Monthly Weather Review,1984,112:1640-1642.

[3] Imamura F V. Flood and typhoon disastersin Vietnam in the half century since 1950[J]. Natural Hazards,1997,15:71-87.

[4] Patwardhan S K,Bhalme H N. A study of cyclonic disturbances over Indian and the adjacent o-cean[J]. International Journal of Climatology,2001,21:527-534.

[5] Alam M M,Hossain M A,Shafee S. Frequency of bay of Bengal cyclonic storms and depressions crossing different coastal zones[J]. International Journal of Climatology,2003,23:1919-1125.

[6] Fogarty E A,Elsner J B,Jagger T H,et al. Variations in typhoon landfalls over China[J]. Advances in Atmospheric Sciences,2006,23(5):13.

[7] Zandbergen P A. Exposure of US counties to Atlantic tropidscal storms and hurricanes,1851—2003[J]. Natural Hazards,2009,48:83-99.

[8] 梁必骐,梁经萍,温之平. 中国台风灾害及其影响的研究[J]. 自然灾害学报,1995,4(1):8.

[9] 肖庆农,何德辉,魏绍远,等. 9406 号台风登陆造成华南及长江中游暴雨过程的数值模拟试验[J]. 气象科学,1997,17(1):29-34.

[10] 李英,陈联寿,张胜军. 登陆我国热带气旋的统计特征[J]. 热带气象学报,2004,20(1):10.

[11] 王晓芳,李红莉. 登陆我国热带气旋的气候特征[C]//中国气象学会年会"灾害性天气系统的活动及其预报技术"分会场. 2006.

[12] 胡娅敏,宋丽莉,刘爱君,等. 近 58 年登陆我国热带气旋的气候特征分析[J]. 中山大学学报（自然科学版）,2008,(5):115-121.

[13] 王小玲,任福民. 1951—2004 年登陆我国热带气旋频数和强度的变化[J]. 海洋预报,2008,25(1):9.

[14] 朱健,何海滨. 0604 和 0605 号台风的数值模拟与暴雨成因对比分析[J]. 南京气象学院学报,2008,(4):530-538.

[15] Koffler R,Decotiis A G,Rao P K. A procedurefor estimating cloud amount and height from sat-ellite infrared radiation data[J]. Monthly Weather Review,1973,101:240-243.

[16] Desbois M,Seze G,Szejwaeh G. Automatic classification of cloudson mettimagery applicationto high-level clouds[J]. Journal of the Applied Meteorology,1982,21:401-402.

[17] Lee J,Ronald C A. Neural network approach to cloud classification[J]. IEEE Transactions on Geoscience and Remote Sensing,1990,28(5):846-855.

[18] Hayden C M. Research in the automated quality control of the cloud motion vectorsat CMSS/NESDIS[M]. Tokyo:Eumetsat,1997.

[19] 刘正光,喻远飞,吴冰,等. 利用云导风矢量的台风中心自动定位[J]. 气象学报,2003,(5):636-640.

[20] 许健民,张其松.卫星风推导和应用综述[J].应用气象学报,2006,(5):574-582.

[21] 余建波.基于气象卫星云图的云类识别及台风分割和中心定位研究[D].武汉:武汉理工大学,2008.

[22] 何慧,陆虹,欧艺.强台风"黑格比"暴雨洪涝特征及成因分析[J].热带地理,2009,29(5):440-444.

[23] 李英,钱传海,陈联寿.Sepat台风(0709)登陆过程中眼放大现象研究[J].气象学报,2009,67(5):799-810.

[24] 张毅,蒋兴伟,林明森,等.星载微波散射计的研究现状及发展趋势[J].遥感信息,2009,(6):87-94.

[25] 冯倩.多传感器卫星海面风场遥感研究[D].青岛:中国海洋大学,2004.

[26] Legler D M,O'Brien J J. Development and testing of a simple asimilation technique to derive average wind fields from simulated scatterometer data[J]. Monthly Weather Review,1985,11314:1791-1800.

[27] Levy G,Brown R A. Southern Hemisphere synoptic weather from a satellite scatterometer[J]. Monthly Weather Review,1991,119:280.

[28] Kawamura H,Wu P. Formation mechanism of Japan Sea poroper water in the flux center of Vladivostok[J]. Journal of Geophysical Research,1998,103:21611-21622.

[29] Ebuchi N,Graber H C. Directivity of wind vectors derived from the ERS-1/AMI scatterometer[J]. Journal of Geophysical Research,1998,103:7787-7797.

[30] Yueh S H,Stiles B W,Tsai W Y,et al. QuikSCAT geophysical model functionfor tropical cyclones and application to hurricane floyd[J]. IEEE Transactions on Geoscience and Remote Sensing,2001,39(12):75-87.

[31] 李江南,王安宇,杨兆礼,等.用QuikSCAT资料分析"黄蜂"登陆前后近地层风场的分布特征[J].热带气象学报,2003,19(B09):9.

[32] 陈小燕,杨劲松,黄韦艮,等.0414号"云娜"台风浪时空分布特征的遥感研究[J].海洋学研究,2009,(4):7.

[33] 邹巨洪,林明森,潘德炉,等.QuikSCAT风矢量快速反演的后向散射系数预处理算法[J].热带海洋学报,2009,(2):6.

[34] Zhang L,Shi H,Wang Z,et al. Comparison of wind speeds from spaceborne microwave radiometers with in situ observations and ECMWF data over the global ocean[J]. Remote Sensing,2018,10(3):425.

[35] Wentz F J. Measurement of oceanic wind vector using satellite microwave radiometers[J]. IEEE Transactions on Geoscience and Remote Sensing,1992,30(5):960-972.

[36] Krasnopolsky V M,Breaker L C,Gemmill W H. A neural network as a nonlinear transfer function model for retrieving surface wind speeds from the special sensor microwave imager[J]. Journal of Geophysical Research:Oceans,1995,100(C6):11033-11045.

[37] Yueh S H,Wilson W J,Dinardo S J,et al. Polarimetric microwave wind radiometer model function and retrieval testing for WindSat[J]. IEEE Transactions on Geoscience and Remote Sensing,2006,44(3):584-596.

[38] Meissner T,Wentz F J. Wind-vector retrievals under rain with passive satellite microwave radiometers[J]. IEEE Transactions on Geoscience and Remote Sensing,2009,47(9):3065-3083.

[39] Deblonde G,Yu W,Garand L,et al. Evaluation of global numerical weather prediction analyses

and forecasts using DMSP special sensor microwave imager retrievals:2. Analyses/forecasts intercomparison with SSM/I retrievals[J]. Journal of Geophysical Research:Atmospheres,1997, 102(D2):1851-1866.

[40] Gaiser P W,Germain K M,Twarog E M,et al. The WindSat spaceborne polarimetric microwave radiometer:Sensor description and early orbit performance[J]. IEEE Transactions on Geoscience and Remote Sensing,2004,42(11):2347-2361.

[41] Mears C A,Smith D K,Wentz F J. Comparison of special sensor microwave imager and buoy-measured wind speeds from 1987 to 1997[J]. Journal of Geophysical Research:Oceans,2001, 106(C6):11719-11729.

[42] Freilich M H,Vanhoff B A. The accuracy of preliminary WindSat vector wind measurements: Comparisons with NDBC buoys and QuikSCAT[J]. IEEE Transactions on Geoscience and Remote Sensing,2006,44(3):622-637.

[43] Yu L,Jin X. Buoy perspective of a high-resolution global ocean vector wind analysis constructed from passive radiometers and active scatterometers(1987—present)[J]. Journal of Geophysical Research:Oceans,2012,117(C11).

[44] Zhang L,Shi H,Du H,et al. Comparison of WindSat and buoy-measured ocean products from 2004 to 2013[J]. Acta Oceanologica Sinica,2016,35(1):67-78.

[45] Halpern D,Hollingsworth A,Wentz F. ECMWF and SSM/I global surface wind speeds[J]. Journal of Atmospheric and Oceanic Technology,1994,11(3):779-788.

[46] Boutin J,Siefridt L,Etcheto J,et al. Comparison of ECMWF and satellite ocean wind speeds from 1985 to 1992[J]. International Journal of Remote Sensing,1996,17(15):2897-2913.

[47] Meissner T,Smith D,Wentz F. A 10 year intercomparison between collocated Special Sensor Microwave Imager oceanic surface wind speed retrievals and global analyses[J]. Journal of Geophysical Research:Oceans,2001,106(C6):11731-11742.

[48] Kara A B,Wallcraft A J,Barron C N,et al. Accuracy of 10 m winds from satellites and NWP products near land-sea boundaries[J]. Journal of Geophysical Research:Oceans,2008,113 (C10).

[49] Wallcraft A J,Kara A B,Barron C N,et al. Comparisons of monthly mean 10 m wind speeds from satellites and NWP products over the global ocean[J]. Journal of Geophysical Research: Atmospheres,2009,114(D16).

[50] Wang Z,Stoffelen A,Zou J,et al. Validation of new sea surface wind products from Scatterometers Onboard the HY-2B and MetOp-C satellites[J]. IEEE Transactions on Geoscience and Remote Sensing,2020,58(6):4387-4394.

[51] Stoffelen A,Anderson D. Scatterometer data interpretation:Measurement space and inversion[J]. Journal of Atmospheric and Oceanic Technology,1997,14(6):1298-1313.

[52] Quilfen Y,Chapron B,Elfouhaily T,et al. Observation of tropical cyclones by high-resolution scatterometry[J]. Journal of Geophysical Research:Oceans,1998,103(C4):7767-7786.

[53] Hersbach H,Stoffelen A,Haan S D. An improved C-band scatterometer ocean geophysical model function:CMOD5[J]. Journal of Geophysical Research:Oceans,2007,112(C3).

[54] Hersbach H. Comparison of C-band scatterometer CMOD5. Nequivalent neutral winds with ECMWF[J]. Journal of Atmospheric and Oceanic Technology,2010,27(4):721-736.

［55］Stoffelen A，Verspeek J A，Vogelzang J，et al. The CMOD7 geophysical model function for AS-CAT and ERS wind retrievals［J］. IEEE Journal of Selected Topics in Applied Earth Observations and Remote Sensing，2017，10（5）：2123-2134.

［56］Ricciardulli L，Wentz F J. A scatterometer geophysical model function for climate-quality winds：QuikSCAT Ku-2011［J］. Journal of Atmospheric and Oceanic Technology，2015，32（10）：1829-1846.

［57］OSI SAF. NSCAT-4 geophysical model function［EB/OL］（2014-10-02）［2022-08-01］. http：//projects. knmi. nl/scatterometer/nscat_gmf/.

［58］Wang Z，Stoffelen A，Zhao C，et al. An SST-dependent Ku-band geophysical model function for Rapid Scat［J］. Journal of Geophysical Research：Oceans，2017，122（4）：3461-3480.

［59］Verspeek J，Stoffelen A，Portabella M，et al. Validation and calibration of ASCAT using CMOD5. n［J］. IEEE Transactions on Geoscience and Remote Sensing，2009，48（1）：386-395.

［60］Vogelzang J，Stoffelen A，Verhoef A，et al. On the quality of high-resolution scatterometer winds［J］. Journal of Geophysical Research：Oceans，2011，116（C10）.

［61］Verhoef A，Vogelzang J，Verspeek J，et al. Long-term scatterometer wind climate data records［J］. IEEE Journal of Selected Topics in Applied Earth Observations and Remote Sensing，2017，10（5）：2186-2194.

［62］成里京. SROCC：海洋热焓变化评估［J］.气候变化研究进展，2020，16（2）：172-181.

［63］杨小欣，吴晓芬，许建平. 热带太平洋海域上层海洋热盐含量研究概述［J］.海洋湖沼通报，2017，（5）：18-30.

［64］林传兰.1964—1982年热带西北太平洋海洋上层热含量的变化特征［J］.热带海洋，1990，（2）：78-85.

［65］Palmen E. On the formation and structure of tropical hurricanes［J］. Geophysica，1948，3（1）：26-38.

［66］Gray W M. Global view of the origin of tropical disturbances and storms［J］. Mon Wea Rev，1968，96：669-700.

［67］Leipper D F，Volgenau D. Hurricane heat potential of the gulf of Mexico［J］. Journal of Physical Oceanography，1972，22：1-58.

［68］Emanuel K. Increasing destructiveness of tropical cyclones over the past 30 years［J］. Nature，2005，436（7051）：686.

［69］Eisner J B，Kossin J P，Jagger T H. The increasing intensity of the strongest tropical cyclones［J］. Nature，2008，455（7209）：92.

［70］Wada A. Idealized numerical experiments associated with the intensity and rapid intensification of stationary tropical-cyclone-like vortex and its relation to initial sea-surface temperature and vortex-induced sea-surface cooling［J］. Journal of Geophysical Research：Atmospheres，2009，114（D18）.

［71］Shay L K，Brewster J K. Oceanic heat content variability in the eastern Pacific Ocean for hurricane intensity forecasting［J］. Monthly Weather Review，2010，138（6）：2110-2131.

［72］Oropeza F，Raga G B. Rapid deepening of tropical cyclones in the northeastern Tropical Pacific：The relationship with oceanic eddies［J］. Atmósfera，2015，28（1）：27-42.

［73］Dare R A，Mcbride J L. Seasurface temperature response to tropical cyclones［J］. Monthly

Weather Review,2011,139(12):3798-3808.

[74] Malan N,Reason C J C,Loveday B R . Variability in tropical cyclone heat potential over the Southwest Indian Ocean[J]. Journal of Geophysical Research Oceans,2013,118(12):6734-6746.

[75] 陈志伟,康建成,顾成林,等.近30年西北太平洋热带气旋的时空变化及与海洋上层热状态的关系[J].海洋科学,2017,41(8):122-133.

[76] Busireddy N K R,Anku K,Osuri K K,et al. The response of ocean parameters to tropical cyclones in the Bay of Bengal[J]. Quarterly Journal of the Royal Meteorological Society,2019,145(724):3320.

[77] 杨军,宏波.南海东北部上层海洋对台风"莲花"的响应[J].海洋通报,2021,40(2):161-171.

[78] Michaelides S,Levizzani V,Anagnostou E,et al. Precipitation:Measurement,remote sensing,climatology and modeling[J]. Atmospheric Research,2009,94(4):512-533.

[79] 刘元波,傅巧妮,宋平,等.卫星遥感反演降水研究综述[J].地球科学进展,2011,26(11):1162-1172.

[80] 许娈,余贞寿,邱金晶,等.超强台风"利奇马"登陆前后多模式降水预报评估对比分析.气象科学,2020,40(3):303-314.

[81] Kummerow C D,Hong Y,Olson W S,et al. The evolution of the Goddard Profiling Algorithm (GPROF)for rainfall estimation from passive microwave sensors[J]. Journal of Applied Meteorology,2001,40(11):1801-1820.

[82] Iguchi T,Kozu T,Meneghini R,et al. Rain-profiling algorithm for the TRMM precipitation radar[C]// Geoscience and Remote Sensing,IGARSS '97. Remote Sensing-A Scientific Vision for Sustainable Development,1997.

[83] Draper D W,Newell D A,Wentz F J,et al. The Global Precipitation Measurement(GPM) Microwave Imager(GMI):Instrument overview and early on-orbit performance[J]. IEEE Journal of Selected Topics in Applied Earth Observations and Remote Sensing,2015,8(7):3452-3462.

[84] Tan J,Petersen W A,Tokay A,et al. A novel approach to identify sources of errors in IMERG for GPM ground validation[J]. Journal of Hydrometeorology,2016,17(9):2477-2491.

[85] Iguchi T,Oki R,Smith E A,et al. Global Precipitation Measurement program and the development of dual-frequency precipitation radar[J]. J Comm Res Lab,2002,49:37-45.

[86] Tang L,Tian Y,Yan F,et al. An improved procedure for the validation of satellite-based precipitation estimates[J]. Atmospheric Research,2015,163(sep.):61-73.

[87] Tan J,Huffman G J,Bolvin D T,et al. Diurnal cycle of IMERG V06 precipitation[J]. Geophysical Research Letters,2019,46(22):13584-13592.

[88] Kummerow C D,Ringerud S,Crook J,et al. An observationally generated apriori database for microwave rainfall retrievals[J]. Journal of Atmospheric and Oceanic Technology,2011,28(2):113-130.

[89] Spencer R W,Hinton B B,Olson W S . Nimbus-7 37 GHz radiances correlated with radar rain rates over the Gulf of Mexico[J]. Journal of Applied Meteorology,2010,22(12):2095-2099.

[90] Weng F,Zhao L,Ferraro R R,et al. Advanced microwave sounding unit cloud and precipitation algorithms[J]. Radio Science,2016,38(4):1-13.

[91] Chahine M T,Aumann H,Goldberg M,et al. AIRS Level 2 Algorithm Theoretical Basic Docu-

ment(ATBD),version 2.2[M]. Earth Obs Syst Proj Sci Off,Greenbelt,Md,2006.

[92] Chiu J C,Petty G W. Bayesian retrieval of complete posterior PDFs of rain rate from satellite passive microwave observations[J]. Journal of Applied Meteorology and Climatology,2006,45 (8):1073-1095.

[93] 李娜,张升伟,何杰颖. 基于 FY-3C MWHTS 的台风降水反演算法研究[J]. 遥感技术与应用,2019,34(5):1091-1100.

[94] 岳彩军,陈佩燕,雷小途,等. 一种可用于登陆台风定量降水估计(QPE)方法的初步建立[J]. 气象科学,2006,(1):17-23.

[95] Huffman G J,Bolvin D T,Nelkin E,et al. The TRMM Multisatellite Precipitation Analysis (TMPA):Quasi-Global,Multiyear,Combined-Sensor precipitation estimates at fine scales[J]. Journal of Hydrometeorology,2007,8(1):38-55.

[96] Joyce R J,Janowiak J E,Arkin P A,et al. CMORPH:A method that produces global precipitation estimates from passive microwave and infrared data at high spatial and temporal resolution[J]. Journal of Hydrometeorology,2004,5(3):287-296.

[97] Arkin P A,Meisner B N. The relationship between large-scale convective rainfall and cold cloud over the Western Hemisphere during 1982—1984[J]. Mon Wea Rev,2009,115(1): 51-74.

[98] Xu L,Gao X,Sorooshian S,et al. A microwave infrared threshold technique to improve the GOES precipitation index[J]. Journal of Applied Meteorology,1950,38(5):569-579.

[99] Kummerow C,Giglio L. A method for combining passive microwave and infrared rainfall observations[J]. Journal of Atmospheric and Oceanic Technology,1995,12(1):33-45.

[100] Huffman G J,Adler R F,Morrissey M M,et al. Global precipitation at one-degree daily resolution from Multisatellite Observations[J]. Journal of Hydrometeorology,2001,2(1):36-50.

[101] Mamoudou B B,Arnold G. GOES Multi-Spectral Rainfall Algorithm(GMSRA)[J]. Journal of Applied Meteorology,2001,40(8):1500-1514.

[102] Kuligowski R J. A self-calibrating real-time GOES rainfall algorithm for short-term rainfall estimates[J]. Journal of Hydrometeorology,2001,3(2):112-130.

[103] Vicente G A,Scofield R A,Menzel W P. The operational GOES infrared rainfall estimation technique[J]. Bulletin of the American Meteorological Society,1998,79(9):1883-1898.

[104] 向纯怡,赵海坤,刘青元,等. 1909 号台风"利奇马"登陆后强降水分布特征[J]. 气象科学,2020,40(3):294-302.

[105] Adler R F,Huffman G J,Keehn P R. Global tropical rain estimates from microwave-adjusted geosynchronous IR data[J]. Remote Sens Rev,1994,11(1-4):125-152.

[106] 刘江涛,徐宗学,赵焕,等. 不同降水卫星数据反演降水量精度评价——以雅鲁藏布江流域为例[J]. 高原气象,2019,38(2):386-396.

[107] Ghimire U,Srinivasan G,Agarwal A. Assessment of rainfall bias correction techniques for improved hydrological simulation [J]. International Journal of Climatology,2019,39(4): 2386-2399.

[108] Beaufort A,Gibier F,Palany P. Assessment and correction of three satellite rainfall estimate products for improving flood prevention in French Guiana[J]. International Journal of Remote Sensing,2019,40(1-2):171-196.

[109] Medhioub E,Bouaziz M,Achour H,et al. Monthly assessment of TRMM 3B43 rainfall data with high-density gauge stations over Tunisia[J]. Arabian Journal of Geosciences,2019,12 (2):1-14.

[110] Hunt G E. Radiative properties of terrestial clouds at visible and infra-red thermal window wavelengths[J]. Quarterly Journal of the Royal Meteorological Society,1973,99(420): 346-369.

[111] Ryu H S,Hong S. Sea fog detection based on Normalized Difference Snow Index using advanced Himawari imager observations[J]. Remote Sensing,2020,12(9):1521.

[112] Zhuge X Y,Zou X,Yuan W. A fast cloud detection algorithm applicable to monitoring and nowcasting of daytime cloud systems[J]. IEEE Transactions on Geoscience and Remote Sensing,2017,55(11):1-9.

[113] 吴晓京,李云,黄彬,等. 利用动态阈值方法改进的风云二号卫星海雾检测技术[J]. 海洋气象学报,2017,37(2):31-41.

[114] 衣立. 基于 MODIS 卫星资料海雾反演及适用性分析[D]. 青岛:中国海洋大学,2011.

[115] 田永杰,邓玉娇,陈武喝,等. 基于 FY-2E 数据白天海雾检测算法的改进[J]. 干旱气象,2016,34(4):738-742,751.

[116] 邓玉娇,田永杰,王捷纯. 静止气象卫星资料在白天海雾动态监测中的应用[J]. 地理科学,2016,36(10):1581-1587.

[117] 蒋璐璐,魏鸣. FY-3A 卫星资料在雾监测中的应用研究[J]. 遥感技术与应用,2011,26(4):489-495.

[118] 张春桂,林炳青. 基于 FY-2E 卫星数据的福建沿海海雾遥感监测[J]. 国土资源遥感,2018,30(1):7-13.

[119] Yuan Y,Qiu Z,Sun D,et al. Daytime sea fog retrieval based on GOCI data:A case study over the Yellow Sea[J]. Optics Express,2016,24(2):787-801.

[120] 王峥,滕骏华,蔡文博,等. 基于 GOCI 影像的黄海海雾提取方法研究[J]. 海洋环境科学,2018,37(6):941-946.

[121] 张培,吴东. 基于 Himawari-8 数据的日间海雾检测方法[J]. 大气与环境光学学报,2019,14(3):211-220.

[122] Andrews H I,Bright J M. Evaluating fog detection using Himawari-8 satellite imagery and bispectral image processing[C]//Asia-Pacific Solar Research Conference(APSRC),2018.

[123] Kim D,Park MS,Park Y J,et al. Geostationary Ocean Color Imager(GOCI)marine fog detection in combination with Himawari-8 based on the decision tree[J]. Remote Sensing,2020,12 (1):149.

[124] 刘树霄,衣立,张苏平,等. 基于全卷积神经网络方法的日间黄海海雾卫星反演研究[J]. 海洋湖沼通报,2019,(6):13-22.

[125] 司光,符冉迪,何彩芬,等. 结合遥感卫星及深度神经网络的白天海雾识别[J]. 光电子·激光,2020,31(10):1074-1082.

[126] 黄彬,吴铭,孙舒悦,等. 基于深度学习的卫星多通道图像融合的海雾监测处理方法[J]. 气象科技,2021,49(6):823-829,850.

[127] 刘光普,黄思源,梁莺,等. 毫米波雷达在港口海雾观测和能见度反演中的应用[J]. 干旱气象,2019,37(6):993-1004.

[128] 卢博. CALIOP 海雾检测及其在 MODIS 日间海雾遥感中的应用[D].青岛:中国海洋大学,2015.

[129] 魏书晓. 星载激光雷达在基于 MODIS 海雾检测中的应用[D].青岛:中国海洋大学,2013.

[130] 赵经聪,吴东,赵耀天. 基于 CALIOP 数据的海雾检测方法研究[J].中国海洋大学学报(自然科学版),2017,47(12):9-15.

[131] 赵耀天,吴东. CALIOP、CPR 数据在探测海雾中的应用[J].中国海洋大学学报(自然科学版),2020,50(10):125-133.

[132] 侯群群,王飞,严丽. 基于灰度共生矩阵的彩色遥感图像纹理特征提取[J].国土资源遥感,2013,25(4):26-32.

[133] Eyre J R,Brownscombe J L,Allan R J. Detection of fog at night using Advanced Very High Resolution Radiometer(AVHRR)imagery[J]. Meteorological Magazine,1984,113:266-271.

[134] 马慧云,李德仁,刘良明,等. 基于 MODIS 卫星数据的平流雾检测研究[J].武汉大学学报(信息科学版),2005,(2):143-145,93,188.

[135] Hu S,Ma S,Yan W,et al. A new multichannel threshold algorithm based on radiative transfer characteristics for detecting fog/low stratus using night-time NPP/VIIRS data[J]. International Journal of Remote Sensing,2017,38(21):5919-5933.

[136] 赵诗童,时晓曚,吴晓京,等. 三种经典夜间陆地雾遥感反演方法的适用性对比分析[J].海洋气象学报,2021,41(1):45-57.

[137] 王宏斌,张志薇,刘端阳,等. 基于葵花 8 号新一代静止气象卫星的夜间雾识别[J].高原气象,2018,37(6):1749-1764.

[138] 郝姝馨,郝增周,黄海清,等. 基于 Himawari-8 数据的夜间海雾识别[J].海洋学报,2021,43(11):166-180.

[139] Mecikalski J R,Bedka K M. Forecasting convective initiation by monitoring the evolution of moving cumulus in daytime GOES imagery[J]. Monthly Weather Review,2006,134:49-78.

[140] Inoue T. A cloud type classification with NOAA7 split-window measurements[J]. Journal of Geophysical Research,1987,92(D4):3991-4000.

[141] Ackerman S A. Global satellite observations of negative brightness temperature differences between 11 and 6.7 μm[J]. Journal of the Atmospheric Sciences,1996,53(19):2803-2812.

[142] Welch R M,Sengupta S K,Goroch A K,et al. Polar cloud and surface classification using AVHRR imagery:An intercomparison of methods[J]. Journal of Meteorology,1992,31(5):405-420.

[143] Arking A,Robert C L,Rosenfeld A. A fourier approach to cloud motion estimation[J]. Journal of Applied Meteorology,1978,17(6):735-744.

[144] Endlich R M,Wolf D E,Hall D J,et al. Use of a pattern recognition technique for determining motions from sequences of satellite photographs[J]. Journal of Applied Meteorology,1971,10:105-117.

[145] Zinner T,Mannstein H,Tafferner A. Cb-TRAM:Tracking and monitoring severe convection from onset over rapid development to mature phase using multi-channel METEOSAT-8 SEVIRI data[J]. Meteorology and Atmospheric Physics,2008,49:181-202.

[146] Szejwach G. Determination of semi-transparent cirrus cloud temperature from infrared radiances:Application to METEOSAT[J]. Journal of Applied Meteorology,1981,21:384-393.

［147］ Leila M V C,Charles J. A satellite method to identify structural properties of mesoscale convective systems based on maximum spatial correlation tracking technique(MASCOTTE)［J］. Journal of Applied Meteorology,2001,40(10):1683-1701.

［148］ 刘延安,魏鸣,高炜,等.FY-2 红外云图中强对流云团的短时自动预报算法［J］.遥感学报, 2012,16(1):79-92.

［149］ 肖笑,魏鸣.利用 FY-2E 红外和水汽波段对强对流云团的识别和演变研究［J］.大气科学学报,2018,41(1):135-144.

［150］ 蔡叔梅,阮征,陈钟荣.基于自适应阈值的云团识别与追踪方法及个例试验［J］.气象科技, 2011,39(3):332-337.

［151］ 尹跃,李万彪,姚展予,等.利用 FY-2C 资料对西北太平洋海域云分类的研究［J］.北京大学学报(自然科学),2009,45(2):257-262.

［152］ 白洁,王洪庆,陶祖钰.GMS 卫星红外云图强对流云团的识别与追踪［J］.热带气象学报, 1997,13(2):158-167.

［153］ 李汇军,孔玉寿.应用连续小波变换提取对流云团［J］.解放军理工大学学报(自然科学版), 2005,(2):181-186.

［154］ 刘显通,刘奇.红外亮温和云参数信息对降水识别能力的研究［J］.遥感技术与应用,2013, 28,(1):1-11.

［155］ 郑永光,陈炯,朱佩君.中国及周边地区夏季中尺度对流系统分部及其日变化特征［J］.科学通报,2008,45(2):257-263.

第 2 章　台风卫星观测应用技术

2.1　引言

台风是热带气旋底层中心附近最大平均风速达到一定值后的名称。有研究学者发现,西北太平洋地区发生台风的频率更高,这与台风的产生条件密切相关。台风生成基本必要条件有四个:一是高温高湿大气环境下,大气层结不稳定,表现为当海温高于 26～27 ℃,海水容易蒸发,大气转化的动能能量更多,容易生成台风;二是存在初始气旋性低压环流并且对流层风速切变较小,能够保持凝结潜热不被吹散,保持暖心结构;三是低空存在稳定的辐合流场或高空存在辐散流场;四是在赤道 3～5 个纬度距离之外,存在科里奥利力并使得低压与气旋性环流一致,使得初始的气旋性环流能够不减弱。

台风是严重的自然灾害天气之一,容易引发海啸、洪水等灾难,造成人员伤亡和财产损失等。提高台风实时监测能力,有利于减少台风造成的损失。因此,准确定位台风对台风路径预报与台风定强具有重要的参考和应用价值。

随着遥感技术水平和卫星硬件技术的发展,卫星遥感影像能够更准确、更稳定、全天候、全天时地监测天气变化,成为观测和预报台风的有效手段,其在台风的生成、成熟、消亡等研究中已经取得一系列的成果。根据卫星影像分析,台风主要由热带辐合区和云带中的扰动云引起,不同强度的台风在卫星影像上表现为不同特征的螺旋云系,这也是一些学者用来进行台风定位的依据之一。

台风在经过的地区常伴随着强风、强降水等天气现象,利用卫星监测台风时,可见光传感器都易受天气影响,在灾害研究、预警和评估中存在一定限制,而远红外波段亮温数据在恶劣天气下依然可以进行观测。亮温数据在卫星探测到云顶时,记录的是云顶温度;当卫星探测到海表面时,记录的是海面温度,借此可以计算亮温梯度,结合风应力扰动理论,计算并分析台风中心区域亮温扰动空间特征。

最小亮温扰动值台风定位算法基于风应力幅度、散度和旋度的扰动分别和海面温度、顺风向海面温度梯度以及切风向海面温度梯度的扰动之间具有明显的正相关关系,提出了通过亮温散度、旋度计算台风中心区域亮温扰动的算法,通过研究台风中心区域亮温扰动空间分布特征,提出了一种最小亮温扰动台风中心定位算法,在台风整个周期内都可以达到较好的定位精度,可以为台风路径预报、台风定强提供快速准确的数据支撑。

2.2　资料与方法

2.2.1　研究资料

2.2.1.1　FY-4 卫星

2016 年 12 月 11 日 FY-4A 静止气象卫星由"长征三号乙"改进Ⅲ型运载火箭在西昌卫星发射中心成功发射,于 2016 年 12 月 17 日成功定点于赤道上空。FY-4A 卫星是当时最先进的综合大气观测卫星,它装载了多通道扫描成像辐射计(AGRI)、干涉式大气垂直探测仪(GI-IRS)、闪电成像仪(LMI)和空间环境监测仪器,它的成功发射开启了我国新一代静止气象卫星的新时代。

FY-4A 卫星多通道扫描成像辐射计主要承担获取云图的任务,共 14 个通道,是 FY-2 卫星(5 个通道)的近 3 倍,在 FY-2 卫星观测云、水汽、植被、地表的基础上,它还具备了捕捉气溶胶、雪的能力,并且能清晰区分云的不同相态和高、中层水汽。相比于 FY-2 卫星单一可见光通道的限制,FY-4A 首次制作出彩色卫星云图,最快每分钟生成一次区域观测图像,FY-4A 卫星的高时空分辨率可以更好地监测强对流、台风等快速变化的天气系统。干涉式大气垂直探测仪主要用于探测大气温湿廓线,实现对大气温度、湿度的监测。闪电探测仪主要对中国区域的闪电进行监测,可以对闪电信号增强和识别,实现对强对流等突发灾害的短临预报。图 2.1 为 FY-4A 卫星及其搭载的传感器示意图。

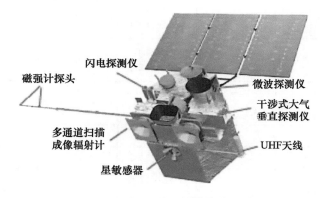

图 2.1　FY-4A 卫星及其搭载的传感器

FY-4A 静止气象卫星于 2018 年 5 月 1 日投入运行,它取代了 FY-2 卫星成为第二代业务化运行地球静止气象卫星。本书研究数据是 FY-4A AGRI 提供的 L1 级全圆盘数据,空间分辨率为 4 km,AGRI 探测波段为 $0.45\sim13.8\ \mu m$,AGRI 的观测模式分为常规模式、增强模式和应急模式三种。常规观测模式包括逐小时的全圆盘观测,观测时间为整点至整点过 15 min,其中 00:00—21:00 每隔 3 h 加密观测 2 次,每日共 40 次全圆盘观测。例如,2019 年 2 月 20日 FY-4A AGRI L1 级 FDI、GEO 数据为 00:00:00 开始,每隔 15 min 观测,至 00:29:59 结束;下一个时段为 01:00:00—01:14:59,下一个时段为 02:00:00—02:14:59,下一个时段为 02:45:00—02:59:59,该观测过程记为 1 次;下一个时段从 03:00:00 开始,与上一个观测时间一致,循环至 23:45:00—23:59:59,为该天最后 1 次数据记录时刻;一天 FDI、GEO 数据各生成 40 个文件。其余时间为 5 min/次的中国区域观测。FY-4 AGRI 标称数据集产品(NOM)

以 HDF5 格式存储,其由文件属性和科学数据集两部分组成,其中文件属性包括了卫星图像的基础参数和文件的描述信息。科学数据集储存了各类科学数据,其中包括 14 个通道的灰度图像数据、各波段的定标数据、每行观测时间、每行观测起止位置等。NOM 是已经进行过定标的数据集,灰度图中像素值即为定标表的索引值,只需以灰度图的像素值为索引就可以获取定标后的亮温或反射率数据集。FY-4 AGRI 通道具体参数如表 2.1 所示,从表中可以看出,其数据在气象检测方面较 FY-2 卫星系列有了较大提升。本书选择其中的通道 12 远红外波段(波长为 $10.3\sim11.3\ \mu m$)亮温数据作为原始数据,辐射灵敏度达到 0.06 K,绝对定标精度达到 0.3 K,用于研究台风中心区域亮温扰动分布特征和台风定位的关系。

表 2.1 FY-4A AGRI 与 FY-2 波段参数对比及主要用途

通道	FY-2F/G/H VISSR		FY-4A AGRI		主要用途
	波段 (μm)	分辨率 (km)	波段 (μm)	分辨率 (km)	
可见光和近红外	—	—	0.45～0.49	1	小粒子气溶胶,真彩色合成
	0.55～0.75	1.25	0.55～0.75	0.5～1.0	植被,图像导航配准,恒星观测
	—	—	0.75～0.90	1	植被,水面上空气溶胶
短波红外	—	—	1.36～1.39	2	卷云
	—	—	1.58～1.64	2	低云/雪识别,水云/冰云判识
	—	—	2.10～2.35	2～4	卷云,气溶胶,粒子大小
中波红外	—	—	3.5～4.0 (高分辨率)	2	云等高反照率目标,火点
	3.5～4.0	5	3.5～4.0 (低分辨率)	4	低反照率目标,地表
水汽	—	—	5.8～6.7	4	高层水汽
	6.3～7.6	5	6.9～7.3	4	中层水汽
长波红外	—	—	8.0～9.0	4	总水汽,云
	10.3～11.3	5	10.3～11.3	4	云、地表温度等
	11.5～12.5	5	11.5～12.5	4	云、总水汽量,地表温度
	—	—	13.2～13.8	4	云,水汽

注:表中数字的阈值为左包含右不包含。

2.2.1.2 辅助数据

本书辅助数据为台风短临预报数据,来自中国气象局台风与海洋气象预报中心。台风预报数据(babj*.dat)1 h 或 3 h 更新一次,babj 是中央气象台台风报文代号,* 表示台风号。当台风生成,babj*.dat 预报数据开始起报,每天的 02:00、05:00、08:00、14:00、17:00、20:00 观测数据作为起始值,对每个时间点向后预报台风中心经纬度、气压和风速,台风过程结束,数据预报结束。表 2.2 为 2019 年 2 月 20 日 02:00 记录的数据,从表中可以看出,数据包括整点时次的台风位置,也包括向后预报 12 h、24 h、36 h、48 h、72 h、96 h 的台风预报位置,利用该短临预报数据 000 h 预报时次确定台风大致位置和初始猜测中心。

表 2.2　2019 年 2 月 20 日 02:00 台风预报数据记录

年	月	日	时	预报时次(h)	纬度(°N)	经度(°E)	气压(hPa)	风速(m/s)
2019	02	20	02	000	5.1	155.1	1000	18
2019	02	20	02	012	5.2	153.3	990	23
2019	02	20	02	024	5.8	151.2	982	28
2019	02	20	02	036	6.7	149.6	980	30
2019	02	20	02	048	7.9	147.2	975	33
2019	02	20	02	060	10.2	143.4	965	38
2019	02	20	02	072	12.2	140.8	955	42
2019	02	20	02	096	13.4	139.4	945	48

2.2.1.3　验证数据

本书验证数据为中国气象局上海台风研究所最佳路径数据集,来自中国气象局热带气旋资料中心官网。现行版本的热带气旋最佳路径数据集提供 1949 年以来西北太平洋(含南海,赤道以北,180°以西)海域热带气旋每 6 h 的位置和强度,按年份分别以文本文件格式单独存储,此后逐年增加。1972 年之前的最佳路径数据集根据 1972 年之后的再分析资料补充获得,1972 年之后利用历史地图集、台站观测和船舶天气报告、自动表面观测、天气图、无线电探空仪数据、飞机侦察进行数据整合,还添加了包括卫星和沿海雷达观测资料。表 2.3 为 CMA 最佳路径数据集记录格式,从表中可以看出,最佳路径数据集主要记录的是台风中心经纬度、中心最低气压以及中心平均最大风速。本书使用该数据集对台风定位结果进行验证。

表 2.3　2019 年 2 月 20 日最佳路径数据集数据记录

时间(年/月/日/时)	强度标记	纬度(°N)	经度(°E)	中心最低气压(hPa)	中心平均最大风速(m/s)
2019/02/20/00	2	4.8	154.6	992	23
2019/02/20/06	2	4.9	153.8	990	25
2019/02/20/12	2	5.2	152.7	985	28
2019/02/20/18	3	5.5	151.5	980	30

2.2.2　算法流程

2.2.2.1　台风中心自动识别子模块

主要技术算法流程如图 2.2 所示。

1. 台风中心初始猜测位置

根据官方短临台风路径预报(如上海台风研究所 12 h 台风预报)的台风中心位置,采用多项式内插法,内插至当前卫星获取图像时间点,获得台风中心初始猜测位置。如果由于某些原因导致内插失败,则利用已存档的前 12 h 台风位置数据现行外推出台风中心初始猜测位置。

2. 根据当前分析时间最终 T#强度估计结果,判断台风自动定位方法选择

如果 T#<3.5,内插/外推位置即为最终自动台风定位位置。否则,分析红外图像,根据以下步骤寻找更佳台风中心位置。

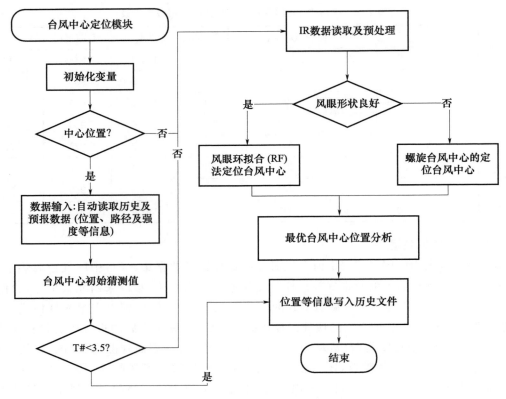

图 2.2 ADT 台风中心定位处理流程图

3. 数据预处理

将卫星红外(IR)图像几何再投影为直线投影。将原始卫星几何投影再投影为不同经纬度网格点的等地球表面距离网格。其中,每个直线投影网格点由原始卫星数据网格点内插得到,插值过程中采用立方样条插值法,由此可以大大节省再投影计算机处理时间。

4. 螺旋台风中心(SC)定位法

利用 SC 定位法确定图像中台风中心位置。当图像云顶温度梯度与从中心点发出的 5°对数(log)螺旋矢量具有最大对准关系时,5°对数螺旋矢量的出发点即为台风中心位置。

5°对数螺旋方程为:

$$R(\varnothing) = A\exp B(\varnothing) \qquad (2\text{-}1)$$

其中,$R(\varnothing)$ 为原点(SC 分析区域中心点)出发的径向距离;A 为原点与螺旋起始位置的距离;B 为 $(R,\varnothing)$ 处螺旋切线与径线之间的夹角(如 5°)。

Log 螺旋必须转化为笛卡尔坐标系,当待分析区域网格原点为(0,0)时,转换公式如下:

$$X(\varnothing) = R(\varnothing)\cos\varnothing \qquad (2\text{-}2)$$

$$Y(\varnothing) = R(\varnothing)\sin\varnothing \qquad (2\text{-}3)$$

在北半球,从原点出发,X 轴东向方向为正,Y 轴北向方向为正。在南半球,X 轴与北半球相同,Y 轴则相反。这样规定是为了保证对数螺旋在南北半球与气旋方向一致。

该分析过程是由两个分析过程组成的两步程序。在 ADT 算法中,对应不同分析网格的尺寸和分辨率采用硬编码,即将精细分析网格嵌套于粗糙分辨率网格。第一步进行粗糙分辨率网格分析。设定粗糙网格分辨率为 0.2°,在 1.75°半径圆形分析区域,计算每个网格点温度梯度与对数螺旋分析矢量,利用最大交叉相关分析法确定中间最大对齐中心位置。第二步为精细分辨率分析,在粗糙分析结果基础上,划定包含初始中心位置的矩形区域,设定精细网格分辨率为 0.1°,重复第一步骤,确定最终螺旋中心位置。

最大交叉相关对准计算过程如下,根据如下公式将图像温度梯度矢量与叠加的螺旋单位矢量场的叉积求和:

$$\boldsymbol{a} \times \boldsymbol{b} = \boldsymbol{a} \cdot \boldsymbol{b} \cdot \sin\theta \cdot \boldsymbol{n} \tag{2-4}$$

其中,a 和 b 分别为矢量 $\boldsymbol{a}$ 和 $\boldsymbol{b}$ 的幅度;θ 为矢量 $\boldsymbol{a}$ 和 $\boldsymbol{b}$ 的夹角;$\boldsymbol{n}$ 为垂直于矢量 $\boldsymbol{a}$ 和 $\boldsymbol{b}$ 构成平面的单位矢量。此处定义 $\boldsymbol{a}$ 和 $\boldsymbol{b}$ 分别为图像温度梯度矢量与叠加的螺旋单位矢量场。

该方法对红外图像中上层剪切较为敏感,导致非对称卷积云主导台风中心估计,而非利用低云定义中心位置。

5. 风眼环拟合(RF)法定位台风中心

对于具有良好风眼形状的台风,我们采用 RF 法进行台风中心定位来作为 SC 定位法的补充。

该方法即在 SC 螺旋分析出的中心点周围,根据最大强度梯度条件,搜索一个定义台风眼墙的小环状区域。对中心点和每个环上各点梯度场的点积求和,得到的最大值即可确定台风中心位置和眼墙尺寸。点积方程为:

$$\boldsymbol{a} \cdot \boldsymbol{b} = |a| \cdot |b| \cdot \cos\theta \tag{2-5}$$

其中,θ 为矢量 $\boldsymbol{a}$ 和 $\boldsymbol{b}$ 的夹角;$\boldsymbol{a}$ 为环上某具体网格点的图像温度梯度矢量;$\boldsymbol{b}$ 为从中心点指向小环上分析点网格的单位位置矢量,叠加的螺旋单位矢量场。

分析过程中,搜索范围为以 SC 分析所得的中心位置为原点,半径为 0.75° 的圆。

6. 最优台风中心位置分析

当成功完成 SC 和 RF 算法过程后,导出的中心位置和对应的置信度因子可以用于确定最优台风位置。其中,置信度因子计算过程如下。

在每个网格点,增强螺旋部分置信度因子(ESP)可以通过确定如下两个加权螺旋值之和的最小值求出:

$$ESP = DP + SP \tag{2-6}$$

其中,DP 为距离罚函数;SP 为螺旋部分加权。

$$SP = 10 \times (SS - SS_{max}) \tag{2-7}$$

其中,SS 为 SC 算法中所分析区域的每个网格点的螺旋分值;SS_{max} 为区域中最大 SS 值。

如果最大 ESP 值位置从初始猜测位置超出预设半径距离阈值(最大可允许位移为 1.15°),该 ESP 置信度因子将被导出,最大 ESP 位置则被用于定位为台风中心位置。

如果最大 ESP 值位置位于预设半径距离阈值 1.15° 以内,则改用计算距离加权增强螺旋部分置信度分值(ESPd),即在原来 ESP 值的基础上加上距离奖励(DB)值,DB=4.5,然后重复上述步骤。

RF 算法过程中可以得出第三个置信度因子联合置信度因子(CC),它等于 ESPd 与分析位置的风眼环拟合分析值之和。如果 CC>15,最大 CC 因子位置则为最终台风自动定位中心位置。

根据自动定位和最优台风分析的结果,将台风中心定位编号、时间、经度、纬度及所属海域信息写入台风信息历史文件。

2.2.2.2 台风中心自动识别结果修正

主要技术算法流程如图 2.3 所示。

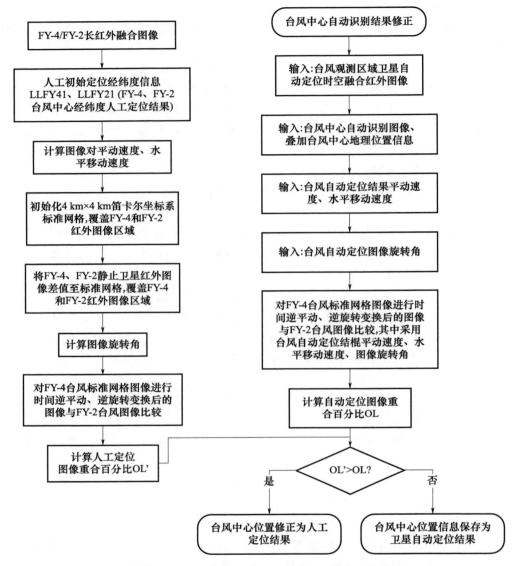

图 2.3 台风中心自动识别结果修正子模块处理流程图

主要实施方案如下。

首先,利用 FY-2、FY-4 静止卫星红外图像,在图形界面上通过桌面图标,专家分别对不同图像所示台风的中心位置进行点击、修正和确认,获得人工定位经纬度信息,并以此计算台风平动速度和旋转角度。根据获得的人工定位计算所得图像对平动速度 $V' = \dfrac{D'}{\Delta t}$,水平移动速度 $V'_x = \dfrac{D'_x}{\Delta t}, V'_y = \dfrac{D'_y}{\Delta t}$,以及图像旋转角 $\Delta \theta'$,对 FY-4 台风标准网格图像进行$-\Delta t$ 时间逆平动、逆旋转变换后的图像与 FY-2 台风图像比较,计算人工定位模式下图像重合百分比 OL'。

其次,在卫星自动台风中心定位模式下,对 FY-4 台风标准网格图像进行$-\Delta t$ 时间逆平动、逆旋转变换后的图像与 FY-2 台风图像比较,其中采用台风自动定位结果平动速度 $V=\dfrac{D}{\Delta t}$,水平移动速度 $V_x=\dfrac{D_x}{\Delta t},V_y=\dfrac{D_y}{\Delta t}$,图像旋转角 $\Delta\theta$,计算自动定位图像重合百分比 OL。

最后,比较图像重合百分比,如果 $\mathrm{OL}'>\mathrm{OL}$,则台风中心位置信息修正为人工定位结果,否则,台风中心位置信息仍为卫星自动定位结果。

2.2.2.3　台风中心自动识别结果评估

主要技术算法流程如图 2.4 所示。

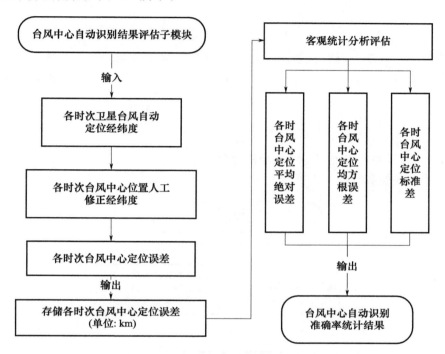

图 2.4　台风中心自动识别结果评估子模块处理流程图

主要实施方案如下。

输入上两个子模块运行结果,即各时次卫星台风自动定位经纬度(LON1,LAT1)、各时次台风中心位置人工修正经纬度(LON0,LAT0)。

针对每一次定位结果,构造经纬度坐标(LON,LAT)转换为笛卡尔坐标系 (x,y) 函数,并在笛卡尔坐标下,计算各时次台风中心位置人工修正位置与台风中心自动定位位置之间的距离,并求绝对值,即求出各时次台风中心定位误差:

$$\mathrm{Dist}=\mathrm{abs}(\mathrm{ll2xy}(\mathrm{LON1},\mathrm{LAT1})-\mathrm{ll2xy}(\mathrm{LON0},\mathrm{LAT0})) \tag{2-8}$$

其中,函数 ll2xy 是将经纬度转换为行列号,输出值为矢量,abs 为取绝对值。

将计算的各时次台风中心定位误差 Dist 存储在该次台风定位误差结果文件中,以备计算调用。

利用客观统计评估分析法,对每次台风所有定位误差进行评台风中心自动识别正确率统计分析。具体如下。

(1)计算各次台风中心定位平均绝对误差 MAE:

$$\mathrm{MAE}(x,h)=\frac{1}{m}\sum_{i=1}^{m}\big|h(x^{(i)})-y^{(i)}\big| \tag{2-9}$$

（2）计算各次台风中心定位均方根误差 RMSE：

$$\text{RMSE}(x,h) = \sqrt{\frac{1}{m}\sum_{i=1}^{m}(h(x^{(i)})-y^{(i)})^2} \qquad (2\text{-}10)$$

（3）计算各次台风中心定位标准差 SD：

$$\text{SD} = \sqrt{\frac{1}{N}\sum_{i=1}^{N}(x_i-u)^2} \qquad (2\text{-}11)$$

其中，

$$u = \frac{1}{N}(x_1+x_2+\cdots+x_N) \qquad (2\text{-}12)$$

输出台风中心自动识别准确率统计结果，在该次台风定位误差结果文件中存储各次台风中心定位平均绝对误差 MAE、各次台风中心定位均方根误差 RMSE 和各次台风中心定位标准差 SD。

将基于卫星产品的台风中心自动识别准确率统计结果存入 out 文件夹下各时次台风文件中。

2.2.2.4　台风中心自动识别结果个例存储

主要技术算法流程如图 2.5 所示。

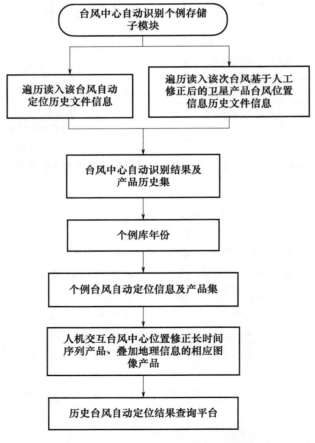

图 2.5　台风中心自动识别结果个例存储子模块处理流程图

主要实施方案如下。

在台风生命周期完结后,利用本模块自动收集整理本次台风自动定位结果,形成台风自动定位结果个例库。

构建台风自动定位结果个例库数据库存储结构。台风自动定位结果个例库数据库存储结构为:在卫星台风自动定位信息及产品历史集文件夹下,按年份存储历史台风个例自动定位信息,并为用户提供历史资料查询服务。当年的所有台风个例分别以台风名称命名,建立相应的文件夹,该文件夹下建立两个子文件夹,一个命名为 data,用于存储个例台风自动定位信息文件;另一个命名为 image,用于存储叠加地理信息后的相应图片文件。

人机交互台风中心位置和修正结果长时间序列产品。读入和获取该次台风定位历史文件信息,按照固定格式保存整个台风生命周期内最终台风中心经度、最终台风中心纬度、最终台风强度、定位分析日期、定位分析时间等参量的长时间序列结果,并将该结果保存于"XXX_yyyy_mm_dd_2_ mm_dd_HCI_TCPI.txt"文本文件中,存储于 data 文件夹。同时,将定位位置信息进行图形显示,显示整个台风生命周期内台风中心经纬度位置,并将图像按照"XXX_yyyy_mm_dd_2_ mm_dd_HCI_TCPI.jpg"命名格式保存于该图像文件中,存储于 image 文件夹。其中,XXX 为台风名简称,yyyy 为年份,mm 为月份,mm_dd_2_ mm_dd 为起始日期至结束日期,HCI 意为人机交互,TCPI 意为台风自动定位结果。

历史台风定位和定强结果查询显示平台。编程在人机界面构建调用输入读取数据、数据自动写入、文件自动存储、图形显示和保存等函数,建立历史台风自动定位结果查询平台。

2.2.2.5 台风中心自动识别结果专业发报

主要技术算法流程如图 2.6 所示。

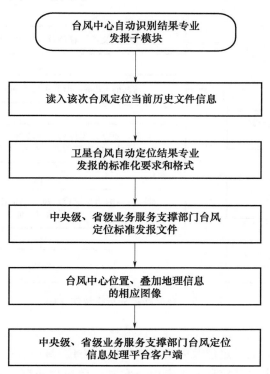

图 2.6 台风中心自动识别结果专业发报子模块处理流程图

主要实施方案如下。

按照统一的中央级、省级业务服务支撑部门台风定位定强信息发报标准,定时(每 0.5 h 更新一次)将台风定位结果整理形成标准发报文件和图片,通过网络发给中央级、省级业务服务支撑部门台风监测与预报客户端,发报信息产品形成流程如下。

台风中心位置、叠加地理信息的相应图像发报产品。读入和获取该次台风当前定位历史文件信息,按照固定格式保存最终台风中心经度、最终台风中心纬度、定位分析日期、定位分析时间等参量信息,并将该结果保存于"XXX_yyyy_mm_dd_hh_mi_ss_Rep_FCast_TCPI.txt"文本文件中,存储于 data 文件夹。同时,将定位位置信息进行图形显示,显示目前为止整个台风中心经纬度位置,并将图像按照"XXX_yyyy_mm_dd_hh_mi_ss_Rep_FCast_TCPI.jpg"命名格式保存于该图像文件中,存储于 image 文件夹。其中,XXX 为台风名简称,yyyy 为年份,mm 为月份,dd 为日期,hh 为小时,mi 为分钟,ss 为秒,TCPI 意为台风定位定强结果,Rep_FCast 意为中央级、省级业务服务支撑部门台风定位信息发报结果。

中央级、省级业务服务支撑部门台风定位定强结果发报平台客户端。编写中央级、省级业务服务支撑部门台风定位结果发报平台客户端 APP,实现客户端自动台风定位结果文件接收、图形显示、信息查询等功能。

2.2.2.6　台风路径分析

主要技术算法流程如图 2.7 所示。

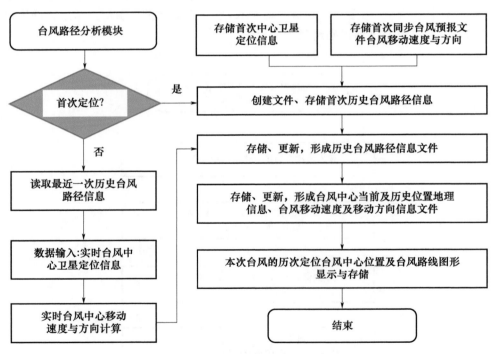

图 2.7　台风路径分析模块流程图

主要技术方案如下。

在完成台风中心位置卫星定位及人机交互台风中心位置修正后,进入台风路径分析模块。

在专门存储台风历史路径信息文件夹中搜索本次台风历史路径信息文件,如果搜索返回值为空,则创建新的台风历史路径信息文件,获取最近时次同步台风预报文件中台风中心移动速度与方向,并将该信息与台风中心卫星定位信息存入新建文件中,并等待下一次台风中心定位、台风路径分析结果的添加与更新,形成台风中心历次定位信息及台风行进速度、方向与路线信息文件。

计算台风中心移动速度与方向。如果搜索返回值为真,打开本次台风历史路径信息文件,自动获取最近一次台风路径信息,包括台风中心经纬度信息 A(LAT0, LON0)。输入风中心之间的东西方向投影地表距离 x(单位:米),南北方向投影地表距离 y(单位:米)。根据两次定位信息文件中对应的定位时刻,计算两次定位的时间差 t(单位:秒)。则台风中心东西向移动速度 U 为:

$$U = \frac{x}{t} \tag{2-13}$$

台风中心东西向移动速度 V 为:

$$V = \frac{y}{t} \tag{2-14}$$

台风移动速度 Vel 为:

$$Vel = \sqrt{U^2 + V^2} \tag{2-15}$$

根据 1 m/s=1.94384 节进行速度转换,将台风中心移动速度由单位米/秒转换为节。

对应海洋学惯例地表坐标系,东方为 x 轴正向,北方为 y 轴正向,由 x 轴正向开始,逆时针旋转角为正。台风移动方向在海洋学惯例坐标系中为:

$$\o_{\text{ocean}} = \arctan\left(\frac{y}{x}\right) \tag{2-16}$$

而在气象学惯例中,定义北方为 x 轴正向,东方为 y 轴正向,由 x 轴正向开始,顺时针旋转角为正。则气象学惯例下台风中心移动角为:

$$\o_{\text{meteor}} = 90° - \o_{\text{ocean}} = 90° - \arctan\left(\frac{y}{x}\right) \tag{2-17}$$

将计算所得本次台风中心移动速度和方向自动存储、更新于历史台风路径信息文件中。

将更新所得的历史台风路径信息中的所有时次台风中心点位置、台风中心移动速度、台风中心移动方向等信息叠加于地理信息(经纬度网格、海洋、陆地地图信息),并将历次台风中心位置点进行三次样条插值,获得路径示意信息,进行上述信息的图形输出,将相应台风路径图形保存于专门的台风路径文件夹中。

结束台风路径分析模块。

2.2.2.7　台风中心位置外推

主要技术算法流程如图 2.8 所示。

主要技术方案如下。

读取历史台风路径文件,获取台风路径信息。自动在台风路径历史文件存储文件夹查找本次台风历史路径文件,读取本次台风当前时间点之前 6 h 内台风中心定位点位置经纬度(LAT, LON)、台风移动速度($U/V/$Vel)与方向 $\o_{\text{meteor}}$、定位时间等信息。

问题:对已有历史文件中,本次台风当前时间点之前 6 h 内,台风中心定位点位置经纬度(LAT, LON)、台风移动速度($U/V/$Vel)与方向 $\o_{\text{meteor}}$ 等参数随时间的变化趋势进行最小二次回归分析,拟合出回归方程。用于外推下一时间点台风中心位置和移动速度、方向参数。

最小二乘法拟合回归方程系数。具体算法如下。

假定因变量 y 与自变量 t 之间关系为:

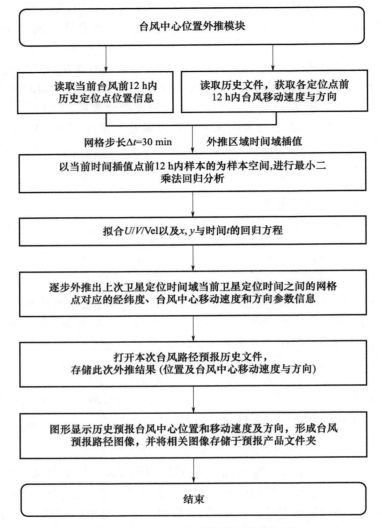

图 2.8　台风中心位置外推模块流程图

$$y = a_0 + a_1 t \tag{2-18}$$

其中,a_0 和 a_1 为回归方程系数;t 为时间(min)。

　　这里因变量 y 可代表(LAT,LON)(x,y) 及 (U,V),定义前次台风中心定位经纬度为 A (LAT0,LON0)。本次外推位置 B(LAT,LON),利用地球大地测量系统(WGS84)坐标,计算两个台风中心之间的东西方向投影地表距离 x(单位:米),南北方向投影地表距离 y(单位:米)。

　　对于每组观测值有:

$$y_i = a_0 + a_1 t_i + \varepsilon_i, \quad i = 1, 2, 3, \cdots, n \tag{2-19}$$

其中,n 为观测次数;ε_i 为误差,它表明 y_i 并不完全被 t_i 所确定,y_i 被 t_i 所确定的部分是 $a_0 + a_1 t_i$,y_i 不被 t_i 确定的部分为 ε_i。

　　至此,已知数据为 (t_i, y_i)。a_0,a_1 和 ε_i 则未知,需要采用最小二乘法确定三个未知数,且一旦这三个未知数被确定,则只需要输入外推位置的时间 t_{i+1},则可利用上述回归方程外推出因变量 y_{i+1}。

误差可由下式计算：

$$\varepsilon_i = y_i - a_0 - a_1 t_i, \quad i=1,2,3,\cdots,n \tag{2-20}$$

则误差的全部平方和为：

$$\sum_{i=1}^{n} \varepsilon_i^{\,2} = \sum_{i=1}^{n} (y_i - a_0 - a_1 t_i)^2 \tag{2-21}$$

要从数据对 (t_i, y_i) 中尽可能提取 t_i 对 y_i 的信息，则要求误差尽可能小。为满足这个需求，根据最小二乘法，则有：

$$\begin{cases} \sum_{i=1}^{n} (y_i - a_0 - a_1 t_i) = 0 \\ \sum_{i=1}^{n} t_i (y_i - a_0 - a_1 t_i) = 0 \end{cases} \tag{2-22}$$

通过变形整理，可以求出上述回归系数 $a_0 = \tilde{a}_0$ 和 $a_1 = \tilde{a}_1$

$$\begin{cases} \tilde{a}_0 = \bar{y} - \tilde{a}_1 \bar{t} \\ \tilde{a}_1 = \left(\sum_{i=1}^{n} t_i y_i - n\overline{ty}\right)/\left(\sum_{i=1}^{n} t_i^2 - n\bar{t}^2\right) \end{cases} \tag{2-23}$$

则回归方程为：

$$\tilde{y} = \tilde{a}_0 + \tilde{a}_1 t \tag{2-24}$$

$\tilde{y}_i = \tilde{a}_0 + \tilde{a}_1 t_i$ 则为 y_i 的估计值。

因此，在给定外推时间点 t_i 时，对于台风当前时间点之前 6 h 内定位样本空间，先求出 $\bar{t}$ 和因变量平均值 $\bar{y}$，接着计算出 $\tilde{a}_0$ 和 $\tilde{a}_1$，即可外推出 t_i 时间所对应的外推因变量 $\tilde{y}_i$，即位置经纬度、台风中心移动速度等信息。

外推结果存储。打开本次台风路径预报历史文件，将外推结果，即外推获得的经纬度（LAT，LON）、台风移动速度（U/V/Vel）与方向 ϕ_{meteor}、定位时间等信息存入台风路径预报历史文件中。

图形显示台风路径预报信息。读取台风路径预报历史文件，生成叠加地理信息的台风预报路径，显示历史预报台风中心位置和移动速度及其方向，并将图形文件自动存储于台风路径预报产品文件夹中。

2.3　经典个例

2.3.1　个例分析

在理想定位范围内计算扰动值，定位个例结果如图 2.9～图 2.11 所示。图 2.9a 为 2019 年 11 月 2 日 00:00 台风"夏浪"形成初期中心区域的扰动值，在理想窗口中寻找最小扰动值。图 2.9b 为将行列号转换为经纬度坐标得到的在原始影像上的定位结果，从图中可以看出，最小扰动值位置与最佳台风中心距离很近，可以精确地对台风定位，而且该时刻为台风形成初期，没有明显的风眼结构，另一方面说明最小扰动值算法对无眼台风具有适用性。

图 2.10a 和图 2.10b 分别为 2019 年 11 月 5 日 18:00 台风中心区域的扰动分布和定位结

果,从图中可以看出,此时台风为成熟期,已经出现明显的台风风眼,最小扰动值定位中心与最佳台风中心误差很小,所以最小扰动值算法对有眼台风定位效果很好。图 2.11a 和图 2.11b 分别为 2019 年 11 月 9 日 06:00 台风中心区域的扰动分布和定位结果,此时台风已经处于消亡期,算法的定位效果依旧很好。

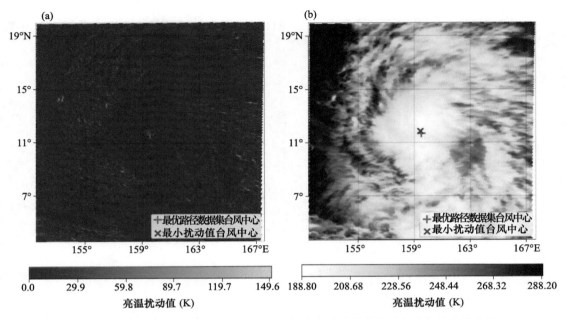

图 2.9　2019 年 11 月 2 日 00:00 台风"夏浪"初期亮温扰动值空间分布及定位结果

(a)2019 年 11 月 2 日 00:00 台风中心区域扰动值分布;(b)2019 年 11 月 2 日 00:00 台风定位结果

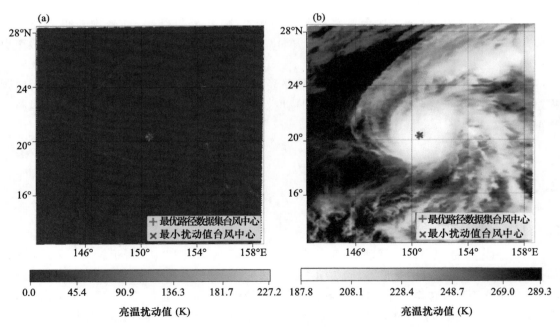

图 2.10　2019 年 11 月 5 日 18:00 台风"夏浪"成熟期亮温扰动值空间分布及定位结果

(a)2019 年 11 月 5 日 18:00 台风中心区域扰动值分布;(b)2019 年 11 月 5 日 18:00 台风定位结果

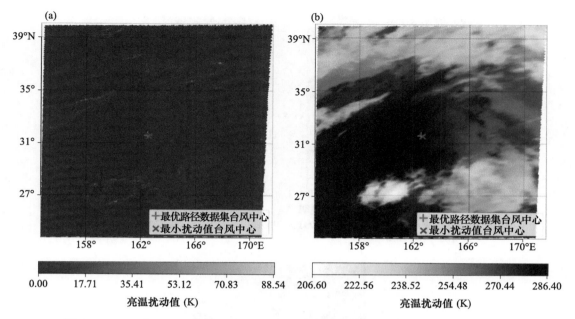

图 2.11　2019 年 11 月 9 日 06:00 台风"夏浪"消亡期亮温扰动值空间分布及定位结果

(a)2019 年 11 月 9 日 06:00 台风中心区域扰动值分布;(b)2019 年 11 月 9 日 06:00 台风定位结果

随机选取 2019 年 4 个台风进行整个台风周期定位测试,包括台风"蝴蝶"、台风"利奇马"、台风"海贝思"、台风"夏浪"。整个过程的定位结果形成路径与最优路径数据集所得到的路径进行对比,如图 2.12～图 2.16 所示。

1. 台风"蝴蝶"

首先是 2019 年的第 2 号台风"蝴蝶",形成初期、强盛时期和衰减期三个时间点中每个阶段选择 1 个时次作为样例进行定位。台风"蝴蝶"真正进入台风阶段是 2 月 21 日 14:00,之前仍为热带风暴级别,台风阶段历经 7 d,台风形成初期为 2 月 21—23 日,2 月 21 日被中央气象台升级为台风,最大风速达到 34 m/s 并持续上升,在 2 月 23 日 20:00 最大风速达到顶峰 58 m/s;强盛时期为 2 月 24—25 日,2 月 25 日 08:00 两度被中央气象台升级为超强台风,2 月 25 日被联合台风警报中心升级为五级台风;衰减期为 2 月 26—27 日,最大风速逐渐下降,最终于 2 月 28 日 17:00 被中央气象台停止编号。

图 2.12a～图 2.12c 分别为选取的台风前期、中期和后期卫星 FY-4A 12 个通道红外台风影像,从三幅亮温卫星影像利用最小扰动值定位算法的结果图看,最小亮温扰动值定位算法可以对台风中心进行精确定位。图 2.12a 为 2 月 24 日 12:00、图 2.12b 为 2 月 25 日 12:00、图 2.12c 为 2 月 26 日 12:00 获取的卫星 FY-4A 红外影像,根据本书提出的新算法计算台风中心由蓝色"×"表示,对应时次最佳路径数据集中的台风中心由红色"＋"表示。图 2.13a 为 2019 年 2 月 21—28 日 00:00、06:00、12:00、18:00 最佳路径数据集中记录的"蝴蝶"中心及最小扰动算法的定位结果所绘制的路径,图 2.13b 为 2 月 24—25 日 00:00、06:00、12:00、18:00(应该具体到起止时次的时间)局部路径放大对比,最小亮温扰动值定位结果绘制的路径与对应时刻最佳路径数据集绘制的路径相比,在台风"蝴蝶"整个生命周期内,最小扰动值定位算法不会出现较大偏差,方法定位稳定,定位结果精度较高。

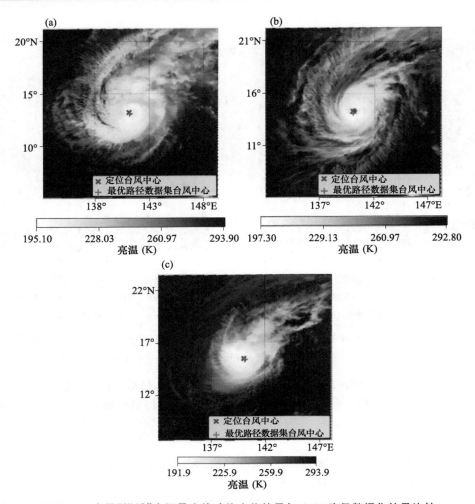

图 2.12　台风"蝴蝶"亮温最小扰动值定位结果与 CMA 路径数据集结果比较

(a)2 月 24 日 12：00；(b)2 月 25 日 12：00；(c)2 月 26 日 12：00

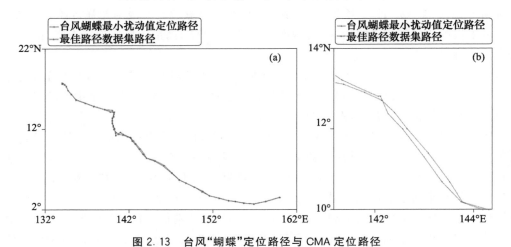

图 2.13　台风"蝴蝶"定位路径与 CMA 定位路径

(a)2019 年 2 月 21 日—28 日 00：00，06：00，12：00，18：00 客观定位结果(红色)与 CMA 定位路径(蓝色方形)；

(b)2019 年 2 月 24 日—25 日 00：00，06：00，12：00，18：00 客观定位路径(红色)与 CMA 路径(蓝色)

2. 台风"海贝思"

2019 年第 19 号台风"海贝思"在 2019 年 10 月 6 日获得日本气象厅命名。10 月 7 日被中央气象台升级为台风,同日进一步升级为超强台风,随后继续加强,该台风从北马里亚纳群岛经过,转北偏东方向移动,强度缓慢减弱,10 月 12 日在日本沿海登陆,登陆时中心附近最大风力有 14 级(42m/s),最终于 10 月 13 日被中央气象台停止编号。

图 2.14a 为台风"海贝思"2019 年 10 月 7—12 日 00:00、06:00、12:00、18:00 客观定位结果与 CMA 路径,图 2.14b 为台风"海贝思"在 10 月 9—10 日 00:00、06:00、12:00、18:00 最小扰动定位路径放大结果与 CMA 路径比较,扰动值定位结果与对应时刻最佳路径数据集绘制的路径相比,在台风"海贝思"整个生命周期内,最小扰动值定位算法定位结果较好。

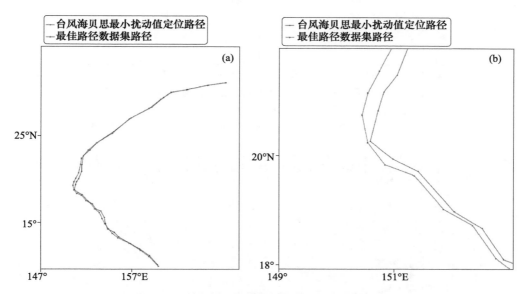

图 2.14　台风"海贝思"定位路径与 CMA 定位路径
(a)2019 年 10 月 7—12 日 00:00,06:00,12:00,18:00 定位结果;
(b)2019 年 10 月 9—10 日 00:00,06:00,12:00,18:00 客观定位路径(红色)与 CMA 路径(蓝色)

3. 台风"夏浪"

2019 年第 23 号台风"夏浪"在 2019 年 11 月 3 日被日本气象厅命名。11 月 4 日,中央气象台将其升级为台风,11 月 5 日升级为超强台风,11 月 7 日中央气象台将其降级为强台风。11 月 8 日,在日本东南洋面变性为温带气旋,并停止编号。

图 2.15a 为台风"夏浪"2019 年 11 月 3—8 日 00:00、06:00、12:00、18:00 最小扰动定位结果与 CMA 路径,图 2.15b 为台风"夏浪"在 2019 年 11 月 6—7 日 00:00、06:00、12:00、18:00 最小扰动定位路径放大结果与 CMA 路径比较,扰动值定位结果与对应时刻最佳路径数据集绘制的路径相比,在台风"夏浪"整个生命周期内,最小扰动值定位算法定位结果较好。

2.3.2　路径分析及外推个例

根据各时次台风中心定位结果,形成台风路径信息,在台风路径分析模块的基础上,进行台风未来移动趋势和中心位置的外推和预测。图 2.16 为 2019 年 2 月 20—28 日台风路径分析及 24 h、48 h 路径外推。

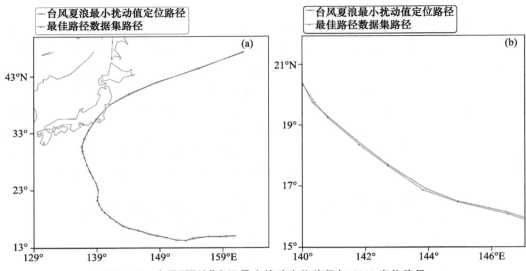

图 2.15　台风"夏浪"亮温最小扰动定位路径与 CMA 定位路径

(a)2019 年 11 月 3—8 日 00:00,06:00,12:00,18:00 定位结果;

(b)2019 年 11 月 6—7 日 00:00,06:00,12:00,18:00 客观定位路径(红色)与 CMA 路径(蓝色)

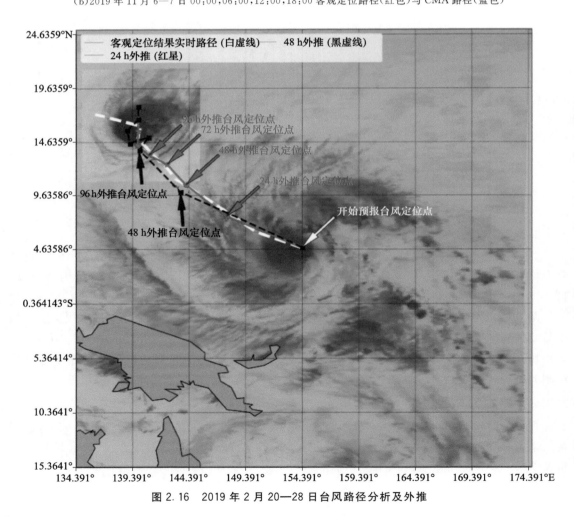

图 2.16　2019 年 2 月 20—28 日台风路径分析及外推

2.3.3　个例验证

接下来对个例进行验证,如图 2.17～图 2.20 所示。图 2.17 为 2019 年 2 月台风风云数据时刻定位中心和定位对应时次插值中心与最佳路径数据集对应时次中心误差,从中可以看出,单时次定位误差在 17.5 km 以内,最优定位结果误差小于 2.5 km,定位精度高。图 2.18 为 2019 年达到台风级别的定位对应时次插值中心与最佳路径数据集对应时次中心误差,从图中可以看出,整体平均精度小于 10 km,最优定位精度误差小于 2 km,对成熟台风定位精度很高。图 2.19 为未插值定位中心和插值后定位中心结果与最佳路径数据集中心的 RMSE(均方根误差),从图中可以看出,插值后的定位中心 RMSE 更小,说明插值后的定位中心精度更高。图 2.20 为 2019 年全年定位点误差分布图,从图中可以看出,2019 年全年定位误差分布于 0～10 km,主要集中于 0～2 km,全年定位精度较高且定位较为稳定。

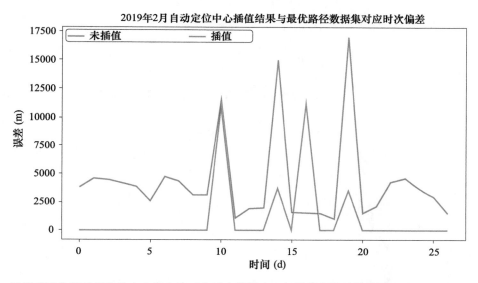

图 2.17　风云卫星数据时刻定位中心和定位对应时次插值中心与最佳路径数据集对应时次中心误差(单时次)

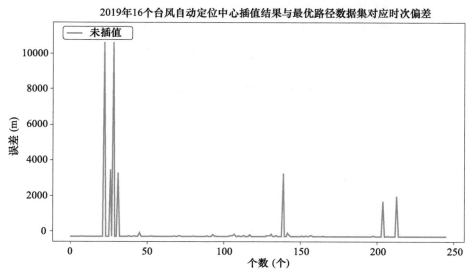

图 2.18　定位对应时次插值中心与最佳路径数据集对应时次中心误差(数据集)

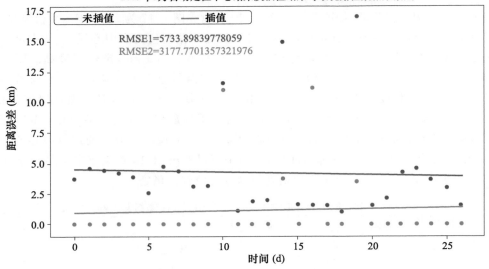

图 2.19 未插值台风中心与最优路径数据集的 RMSE 和插值后台风中心与最优路径数据集的 RMSE

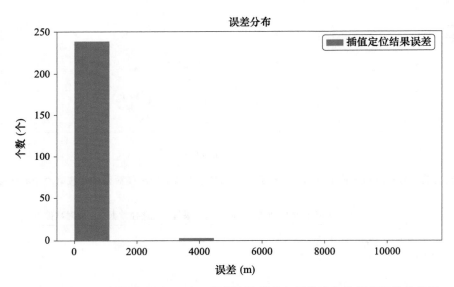

图 2.20 2019 年原始定位结果、台风插值定位结果与最优路径数据集误差分布图

第3章　海面风场卫星反演技术

3.1　微波辐射计风场反演技术

3.1.1　数据介绍

我们采用 FY-3D 卫星上的微波成像仪（MWRI），该仪器通道为 10.65 GHz、18.7 GHz、23.8 GHz、36.5 GHz 和 89 GHz，具有丰富的毫米波波段设置，不仅带有与 SSM/I 类似的高频通道，还含有能够穿透大气条件的 10.65 GHz 通道，同时 FY-3D 卫星是极地轨道业务卫星，使得该仪器具备提取全球海面风速的能力。

3.1.2　反演原理

3.1.2.1　辐射计测风机理

卫星传感器探测到的亮温取决于海面温度、盐度、与风速相关的海面粗糙度以及在高风速状态下波浪破碎产生的白冠和气泡等。

考虑更多的辐射源，适合于微波辐射计的辐射传输方程可表示为[1]：

$$T(\theta,h)=etT_s+T_u(\theta,h)+\rho tT_d+\rho t^2(T_{gal}+T_{cos}+T_{sun}) \tag{3-1}$$

其中，$T(\theta,h)$ 为微波辐射计观测的视在温度或亮温；ρ 为海面的菲涅尔反射率；T_{gal} 和 T_{cos} 分别为银河系噪声等效温度（对于 $f > 3$ GHz，$T_{gal} < 1$ K）和宇宙黑体辐射等效温度（$T_{cos} \approx 3$ K）；T_{sun} 为太阳表面温度。$\rho t^2 T_{sun}$ 代表反射的太阳辐射，辐射计应避免接收到它。对于频率大于 3 GHz 的电磁波，电离层噪声的等效温度很小，可以忽略。

大气向上辐射的亮温为 T_u，大气向下辐射产生的亮温为 ρtT_d。T_u 和 T_d 分别为：

$$T_u = \int_0^h T(z)k_{ab}\exp[-\tau(z,h)\sec\theta]\sec\theta dz \tag{3-2}$$

$$T_d = \int_0^h T(z)k_{ab}\exp[-\tau(0,z)\sec\theta]\sec\theta dz \tag{3-3}$$

3.1.2.2　衰减和吸收

对于波段选择在氧气和水汽吸收带和附近频率、用于测量大气参数目的的微波辐射计，由于大气层的光学厚度非常大，大气层的透射率非常低，这时大气向下辐射产生的亮温项和银河系噪声等可能被忽略（海面向上辐射项有时甚至也被忽略）。此外，$k_{ab}dz = d\tau(z,h)$。大气向上辐射的亮温 T_u 还可以进一步被简化为：

$$T_u = T_A(1-t) \tag{3-4}$$

其中，T_A 为某种加权平均大气温度。在估计 AMSR 通道上水汽引起的衰减系数时，某些研究采用了这种近似。

一般衰减系数 k_a 等于吸收系数 k_{ab} 与散射系数 k_{sc} 之和。在可见光波段,海面风速的散射经常是构成最主要衰减的因素;在热红外,特别是微波波段,由于电磁波波长远大于大气所含粒子的粒径,大气所含粒子的散射已经不起明显作用,大气所含粒子的吸收变成了最主要的衰减因素。在红外波段,水汽、二氧化碳和臭氧是主要的吸收气体;在微波波段,水汽、氧气和云中液态水是最主要的吸收物质。当然,在非吸收带,不必考虑吸收。

3.1.2.3 亮温与海面粗糙度

为阐述风的影响,某些研究将海表面亮温表达为:

$$T_{brightness}=eT_s=e_nT_s+(e-e_n)T_s=e_nT_s+\Delta eT_s \tag{3-5}$$

其中,T_s 为海面温度,它在国外研究中常被称为海水的热力学温度,在国内研究中常被称为海水的物理温度,海表面的发射率 e 与相对电容率(旧称相对介电常数)有关,后者与海水的温度和盐度有关;e_n 为由德拜方程计算出来的由盐度、温度、极化和入射角确定的海面发射率,海表面风生成浪和泡沫,海面倾斜改变了局地海表面光的入射角和极化分布,从而影响海面发射率和亮温;Δe 为风所引起的附加发射率;ΔeT_s 为风所引起的附加亮温。

卫星接收到的海面自发辐射亮温是 etT_s,这里 t 是大气透射率。根据基尔霍夫定律,海面发射率 e 与菲涅尔反射率 ρ 的关系是:

$$e_H(\theta)=1-\rho_H(\theta) \tag{3-6}$$
$$e_V(\theta)=1-\rho_V(\theta) \tag{3-7}$$

其中,下标 H 和 V 表示极化。

遥感海上风速物理海洋学参量。根据电磁波辐射理论,风诱导的粗糙海面的发射率不能简单地从平静海面的菲涅尔反射率公式获得。观测表明,在 L 波段/1.4 GHz 和 40°观测角,风速每增加 1 m/s,则辐射计接收到的亮温增加十分之几摄氏度;具体误差的大小还与观测角、极化方式、海面温度和盐度的大小有关。观测还表明,在 C、X、Ku、Ka 波段和 49°观测角,1 m/s 的风速变化可能导致 0.5～1.5 K 的亮温误差。

目前提出的粗糙海面发射率模型包括两尺度模型和直接发射率模型两类。基于 Rice[2] 对电磁波扰动理论的研究,Peake[3] 和 Semyonov[4] 发展了电磁波在海面的两尺度散射理论,Wu 和 Fung[5] 使用该理论开展了对海面发射率和海面微波频率亮温的研究,Wentz[6,7] 将根据海浪理论获得的谱模型和斜率分布函数模型应用于电磁波在海面的两尺度散射理论研究。Yueh 等[8] 和 Yueh[9] 利用两尺度模型发展了用于微波辐射计的斯托克斯向量模型,Irisov[10] 以及 Johnson 和 Zhang[11] 分别利用粗糙海面的小斜率近似开展了对海面发射率和海面微波频率亮度温度的散射理论研究。自 20 世纪 70 年代以来,科学家通过利用航空飞行遥感实验和卫星遥感获取的微波辐射计资料,将上述理论应用于对海面温度、海面盐度、海上风场、水汽含量和云层中的液态水的反演机理和算法研究。

理论模型可以发展成为针对单个通道和某个极化状态的算法,它将海面微波亮温作为微波辐射计能够测量的已知量,将海面温度、海上风速作为未知量。针对传感器某个通道,电磁波频率和极化状态是不变的已知物理量。当海面温度和盐度是已知量时,可以通过辐射计的测量数据反演风速;当海面盐度和风速是已知量时,可以通过辐射计的测量数据反演海面温度;当海面温度和风速是已知量时,可以使用 L 波段/1.4 GHz 的微波辐射计的测量数据反演海面盐度。海面发射率的两尺度理论模型包含了粗糙海面的布拉格散射机制和镜面反射机制。在镜面反射中,菲涅尔反射率 $\rho(\theta,\xi,\varepsilon_r)$ 是不可或缺的物理量,它是观测角 θ、极化状态 ξ

和相对电容率ε_r的函数;相对电容率ε_r是微波频率、海面温度和海面盐度的函数。在理论模型中,大气校正是与海表面的发射率模型分开考虑的。由于大气分子和水汽分子的直径远小于微波波长,它们对微波的散射作用可以忽略。因为大气中的水汽等对在微波波段的电磁波吸收较强,要考虑大气水汽含量和云层中的液态水的影响,可通过气压和湿度计算水汽分子对微波的大气衰减校正。

粗糙海面的发射率可由电磁波在粗糙海面的小尺度扰动散射理论获得[8,9]。对于粗糙海面,海面的发射率 e 与海面散射系数Γ有下列关系[5]:

$$e(\theta) = 1 - \int_0^{\pi/2} \Gamma(\theta_s,\theta)\sin\theta_s \mathrm{d}\theta_s \tag{3-8}$$

其中,θ为卫星天顶角;θ_s为被散射的入射电磁波的天顶角;Γ为两尺度天顶角散射系数。

海面散射系数Γ的计算很复杂,上述给出了具体的公式和计算过程。海面散射系数Γ的计算结果受到海面粗糙程度(由方向谱和斜率概率分布函数表示)的很大影响。标志海面粗糙度的方向谱和斜率概率分布函数受海面摩擦风速 u_*(包括风向)控制;关于海面粗糙度已有很多研究成果和现成的模型[12-15]。最新发展的关于粗糙海面的微波辐射/散射的斯托克斯向量模型如下。

(1)一个被称为相干反射的物理过程:该过程与菲涅尔反射系数、粗糙海面的小尺度扰动对镜面反射系数的修正、粗糙海面的小尺度波面波数谱、布拉格散射机制中的二阶散射系数、辐射计频率、极化状态、观测角和方位角有关。

(2)一个被称为不相干反射的物理过程:该过程与双静态散射系数、布拉格散射机制中的一阶散射系数、粗糙海面的小尺度波面波数谱、辐射计频率、极化状态、观测角和方位角有关。

(3)两尺度模型将粗糙海面的大尺度波面斜率分布函数与局地小尺度表面元的发射率相联系。

3.1.2.4　D 矩阵算法

日本 JERS-1 卫星装载有热带降雨测量任务微波成像仪(TMI)。TMI 的 D 矩阵方法反演 SST 算法为:

$$\mathrm{SST_{TMI}} = [D_0 D_1 D_2 D_3 D_4 D_5 D_6 D_7] \begin{bmatrix} 1 \\ T_B(10.7V) \\ T_B(10.7H) \\ T_B(19.4V) \\ T_B(19.4H) \\ T_B(21.3V) \\ T_B(37V) \\ T_B(37H) \end{bmatrix} \tag{3-9}$$

通过 TMI 测量与浮标数据匹配模拟,获得对系数的估计。

方程的有效作用范围是:开阔的海面上,海面上方大约 19.5 m 高度上的风速。

Petty[16]提出的 SSM/I-GSWP 风速反演算法是一个两步的准线性统计模型,它是对算法的一个改进。在第一步,基于高空探测仪获得的现场水汽数据和 SSM/I 测量,水汽含量 WV 可由下面公式表达:

$$\mathrm{WV} = 174.1 + 4.638\ln[300 - T_B(19.4V)] - 61.76\ln[300 - T_B(22.2V)] + 19.58\ln[300 - T_B(37V)] \tag{3-10}$$

在第二步,基于浮标获得的风数据、高空探测仪获得的现场水汽和数据和 SSM/I 测量,使用二阶多项式曲线拟合,获得了浮标风速与 SSM/I-GSW 风速之间的剩余误差。该剩余误差

是水汽带来的校正项 COR,可表达为:

$$W_{\text{COR}} = -2.13 + 0.2198\text{WV} - 0.4008 \times 10^{-2}\text{WV}^2 \tag{3-11}$$

最后,SSM/I-GSWP 风速反演算法获得的风速为:

$$W_{\text{GSWP}} = W_{\text{GSW}} - W_{\text{COR}} \tag{3-12}$$

其中,W_{GSW} 为 SSM/I-GSW 算法获得的风速;W_{GSWP} 为 SSM/I-GSWP 算法获得的风速;W_{COR} 为水汽引起的剩余误差。有 50 万以上匹配数据证实了上述两种算法(包括 SSM/I-GSW 算法和 SSM/I-GSWP 算法)在风速小于 15 m/s 条件下反演准确度达到 2 m/s。

3.1.2.5 算法综合

在上述算法基础上,提出了适用于 MWRI 的风速反演算法:

$$\text{WS} = C_0 + C_1 \times T_B(10V) + C_2 \times T_B(10H) + C_3 \times T_B(19V) +$$
$$C_4 \times T_B(19H) + C_5 \times T_B(21V) + C_6 \times T_B(21H) + C_7 \times T_B(37V) +$$
$$C_8 \times T_B(37H) + C_9 \times T_B(89V) + C_{10} \times T_B(89H) \tag{3-13}$$

其中,WS 为海面风速(m/s);C 为微波各个极化通道亮温系数,为常数;T_B 为微波各个极化通道亮温(K);V 和 H 代表垂直和水平极化方式。

3.1.3 反演结果

国际上检验海面风速的校验源主要是海面的浮标风速,本产品的检验方法主要和 NOAA 的海洋浮标风速进行比较,国际辐射计反演海面风速同类产品精度为均方差(RMS)= 1.5 m/s。

对 MWRI 的反演数据和浮标海面风速数据进行地理和时间匹配,地理范围在 10 km 以内,时间范围在 5 min 以内的数据可以参与匹配误差验证,反演海面风速-浮标风速,统计均值和均方差。

共匹配 3 个月 1756 个点,作出反演风速和浮标风速的散点图(图 3.1),并且统计均值和均方差,均值为 -0.36 m/s,RMS 为 1.16 m/s,只做非降水区域的海风产品检测(美国高级微波扫描辐射计(AMSRE)海面风速 RMS 为 1.1 m/s。欧洲 TMI 辐射计 RMS 为 1.46 m/s)。匹配方法按照时间间隔 5 min,距离间隔 10 km 的技术阈值,进行数据筛选和对比分析。从图中可以看到,比对散点图中风速范围是 0~15 m/s,主要是由于浮标风速范围 0~15 m/s(图 3.2)。

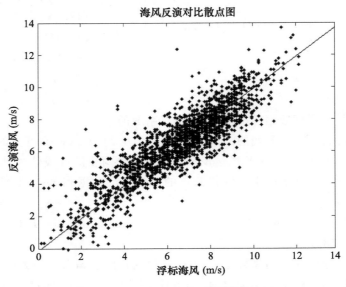

图 3.1　反演风速和浮标风速的散点图

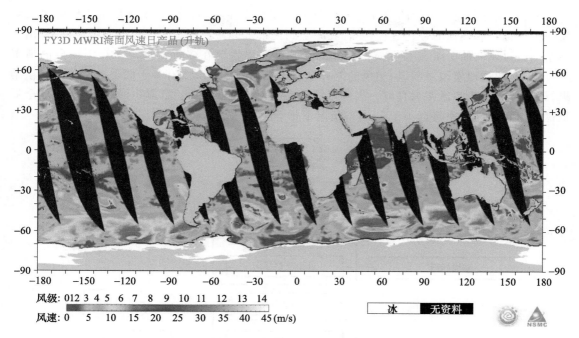

图 3.2　全球海面风速样图产品

3.2　微波散射计风场反演技术

3.2.1　数据介绍

HY-2B 卫星于 2018 年 10 月 25 日在太原卫星发射中心成功发射。HY-2B 卫星是 HY-2A 卫星的后续星,也是海洋动力环境卫星系列的第一颗业务星。HY-2B 卫星搭载了一台 Ku 波段微波散射计(HSCATB),主要用于全球海面风场测量。HY-2B 卫星采用太阳同步轨道,轨道高度 980 km,轨道倾角 99.3°。HY-2B 卫星微波散射计采用笔形波束圆锥扫描体制,具有内/外两个波束,内波束为 HH 极化,入射角 41.4°;外波束为 VV 极化,入射角 48.5°。内/外波束共用一个抛物面,天线转速为 95 r/min,天线足印约为 25 km×32 km。通常情况下,一个风单元有内波束前视、内波束后视、外波束前视和外波束后视四次观测。

3.2.2　反演原理

海面风场反演的处理流程如图 3.3 所示,算法主要分为面元匹配、风矢量反演、模糊解去除和标准网格化处理等。

面元匹配在 HY-2B SCAT L1B 级产品的基础上,辅助全球海陆标识、海冰标识、大气衰减标识等信息。首先进行面元配准,海陆标识、海冰标识、sigma0 测量方差估算,大气衰减量校正,得出与各风矢量单元对应的 sigma0。sigma0 测量的方位角、入射角,sigma0 测量方差 K_p 等参数,为 L2B 级风矢量反演准备数据。

风矢量反演算法的目标是从一组 sigma0 测量结果中估算真实风矢量。它的原理是寻找可以使目标函数(加权 sigma0 测量值与模型预测值的残差)取得极大值的风速与风向。由于联系 sigma0 与海面风矢量的地球物理模型是高度非线性的,因此,寻找全局最优解的风矢量反演过程也是非线性的优化过程,不存在一般封闭解。即使在理想无噪声的测量条件下,由于模型函数对风向的二阶调和性质,对 sigma0 的反演仍将存在多解的情况。在无噪声的情况下,如果地球物理模型对顺风、逆风的差异足够敏感,并且 sigma0 有多于两个方位角的测量结果,那么全局最优解通常为真解。当测量结果存在噪声时,不仅不能预知解的数量,而且全局最优解为真解的概率将远小于 1,通常情况下是 50% 左右。

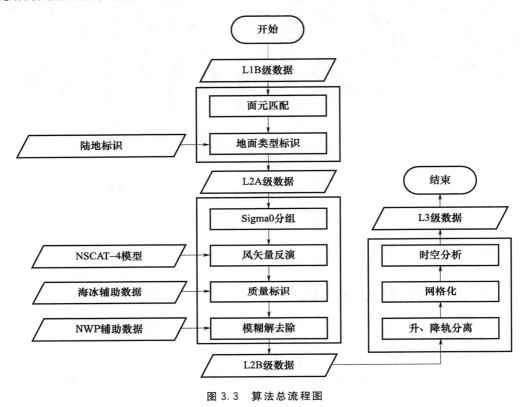

图 3.3 算法总流程图

在风矢量反演的过程中,有多个风矢量解可使目标函数式取极大值,其中只有一个解是真解,其余的称伪解或模糊解。模糊解去除算法的作用是利用最大似然法(MLE)求得使目标函数取得局部最大值的风矢量后,进行风向的多解去除,从风矢量多解中选出真解。

对沿轨存储的 L2B 级风矢量数据产品进行网格化处理,生成空间分辨率为 $0.25° \times 0.25°$,时间分辨率为 24 h 的标准等经纬度网格产品。设置数组 grid_wind_speed(720,1440,2)和 grid_wind_dir(720,1440,2),并赋初值为 0,分别用于记录网格化风速与风向。其中,数组第一维度对应纬度,第二维度对应经度,第三维度对应升、降轨。

3.2.2.1 面元匹配算法

面元匹配的主要目标是将经过地理定位和辐射定标所获得的按观测时序存储的后向散射系数,以及与后向散射系数对应的观测几何等参数,重采样到风矢量面元,以为后续风矢量反演提供输入。在散射计数据处理中,面元匹配非常重要,其直接影响到最终的测量精度。面元的大小,一方面要满足数值气象预报等应用对空间分辨率提出的要求;另一方面需要考虑散射计的观测条件,满足一个面元内不少于三个不同方位角后向散射系数观测的要求。因此,本节设计的面元匹配方法将主要包括地面网格划分和观测结果重采样两个关键部分。

1. 地面网格划分

对 sigma0 测量单元沿地面轨迹坐标的面元匹配方法要求能够简化计算,因此海洋二号微波散射计采用了一种较为方便的网格模型,以星下点轨迹为中心,以顺轨向及交轨向坐标来表示指定位置,采用 25 km×25 km 的分辨率进行重采样(图 3.4)。该坐标系的原点设置为 HSCAT 轨道的边界,即纬度最南端星下点的对应点。由于 HSCAT 的刈幅足够窄,因此可忽略经度在刈幅边缘的压缩。该模型可视为一严格的矩形网格,这样处理也可简化计算。为描述方便,将该网格坐标体系记为地面网格。

面元匹配输入的 L1B 级数据中,后向散射系数以时间为序,因此,由时间边界来定义。风矢量单元按空间位置进行排列,因此,由空间边界来定义。为确保所有的数据都能实现从输入产品到输出产品的转换,地面网格的设计必须考虑 HY-2B 散射计的旋转天线数据获取模式。当卫星接近并经过一个轨道边界时,散射计在该边界的两侧获取数据。因此,地面网格必须包括位于两个边界点以外的一部分风矢量面元行。为了覆盖超过轨道边界的 sigma0 测量值,地面网格产品在每个轨道的开始边界之前和结束边界之后各增加 39 个附加的风矢量面元行。这样,地面网格一般包括 1702 个风矢量面元行。

根据 HY-2B 卫星的轨道参数,散射计的标称测量刈幅宽度以卫星天底点为中心,向两边各延伸约 850 km。因此,天底点轨迹两边各有 34 个,共计 68 个风矢量面元,几乎能够容纳每个 sigma0 测量值。但是,HY-2B 卫星的姿态与地球的形状将会影响到每个后向散射测量足迹在地球表面上的最终位置。由于这些变化因素,某些 sigma0 单元有可能会落在 850 km 仪器测量刈幅之外。因此,地面网格每个风矢量面元行在两侧各增加了附加的 4 个风矢量面元列,以确保所有的观测结果都能落在地面网格中。这样,地面网格一般包括 76 个风矢量面元列。

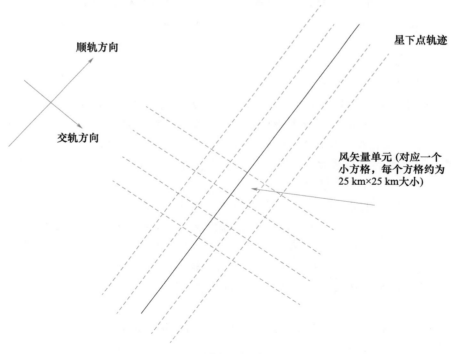

图 3.4　风矢量面元及风矢量面元坐标空间示意图

2. 观测结果重采样

观测结果重采样算法将按时序排列的观测结果投影到地面轨道网格坐标系下的风矢量面元，并同时记录 sigma0 测量的方位角、入射角，sigma0 测量方差 K_p 等参数。

为了将观测结果准确地投影到相应的地面网格单元（风矢量单元），重采样算法不允许精确地将观测结果的经纬度位置信息转换到地面网格坐标。在地面网格划分完成之后，重采样实际上是要求解按时序排列的每个观测结果在顺轨-交轨坐标网格体系下所对应的网格单元（即行列号）。本节利用 L1B 级数据产品中提供的卫星星下点数据，对每个观测结果搜索与之球面距离最近的卫星星下点数据，并利用该最近球面距离计算获得交轨方向的标号，同时以该星下点数据沿星下点轨迹距起始点的距离，计算顺轨方向的标号，从而确定该观测结果在顺轨-交轨坐标网格体系下所对应的网格单元，达到重采样的目的。

3.2.2.2 海冰标识算法

利用 SSM/I 辐射计的海冰数据产品，经过投影变化、周平均等处理，结合 ECMWF 海面温度信息，经过海冰向外延拓等处理，生成等经纬度投影的全球海冰分布查找表。在此基础上，根据 L1B 级数据产品中的每个观测结果对应的经纬度，查询其在海冰分布查找表中对应的海冰信息，并对其进行标识。该方法可以确保没有被标识为海冰的网格单元不会有海冰分布，但是会有部分不是海冰的区域被标记为海冰。考虑到该算法提供的海冰标记的便利程度（计算效率提高），同时权衡多剔除一部分数据付出的代价，其远小于由于海冰未能被正确标记而产生错误数据的代价。这种通过多剔除一小部分数据来保证所有的海冰区域都能被标识的策略是可接受的，并且是高效的。

具体步骤如下。

步骤 1：根据待海冰标识的 L1B 级数据文件名，提取观测时间（年、月、日）。

步骤 2：海冰分布查找表初始化。设置大小为 720×1440 的二维数组，作为海冰分布查找表 ice_mask(720,1440)（对应分辨率为 0.25°×0.25° 等经纬度网格，第一维度对应纬度，第二维度对应经度），并对其赋初值为 0。

步骤 3：根据观测时间，提取距当前观测时间一周以内的 SSM/I 海冰数据产品，形成 SSM/I 产品文件列表。

步骤 4：根据步骤 2 中生成的产品文件列表，依次读取每个 SSM/I 海冰数据文件，并将其转换到分辨率为 0.25°×0.25° 等经纬度网格（与海冰分布查找表对应）。对海冰密集度大于 0 的海冰分布查找表网格单元赋值为 1（这样做的结果是，通过一周之内的 SSM/I 海冰密集度数据，制作了一周之内海冰分布的最大面积，即某个网格节点的位置上只要在一周之内有过海冰，就把这个网格节点标记为海冰分布）。

步骤 5：根据观测时间，提取包含观测时间当天的 ECMWF 预报海温数据文件名。

步骤 6：根据步骤 5 生成的 ECMWF 预报海温文件名，读取海温预报数据，并将其转换到分辨率为 0.25°×0.25° 等经纬度网格，对海面温度小于 2 ℃ 的海冰分布查找表网格赋值为 1。

步骤 7：对海冰分布查找表向外延拓 50 km。具体操作方法为，对海冰分布查找表 ice_mask 的每个单元进行循环，若该单元值为 1，则对以该单元为中心的 5×5 窗口大小的单元均赋值为 1。

步骤 8：根据海冰分布查找表 ice_mask，对 L1B 级数据中的每个后向散射系数观测结果进行海冰标识，具体步骤如下。

提取后向散射系数测量脉冲对应的经纬度，并分别标记为 LAT、LON。

利用下式,计算风矢量单元在海冰分布查找表 ice_mask 中对应的行列号:

$$I_{index} = ROUND((LAT+90) \times IGRID/180-0.5) \tag{3-14}$$

$$J_{index} = ROUND(LON \times YGRID/360-0.5) \tag{3-15}$$

根据获得的行列号,查找在海冰分布查找表 ice_mask 的对应网格单元,若该网格单元值为 1,则对该后向散射系数观测结果置海冰标识,否则不置海冰标识。

3.2.2.3　模糊解去除算法

HY-2B 散射计风矢量反演算法的目标是从一组 HY-2B 散射计 σ^0 测量结果中估算真实风矢量。对散射计风场反演算法,目前主要有平方和算法(SOS)、最大似然估计法(MLE)、最小二乘法(LS)、加权最小二乘法(WLS)、可调加权最小二乘法(AWLS)和最小风速平方法(LWSS)等[17,18]。其中 MLE 具有反演精度高、完全独立于模型函数和后向散射测量值采用自然单位、取值范围不受限制等优点,海洋二号微波散射计风场反演算法采用 MLE。MLE 的原理是寻找可以使目标函数(加权 σ^0 测量值与模型预测值的残差)取得极大值的风速与风向。由于联系 σ^0 与海面风矢量的地球物理模型是高度非线性的,因此寻找全局最优解的风矢量反演过程也是非线性的优化过程,不存在一般封闭解。即使在理想无噪声的测量条件下,由于模型函数对风向的双余弦特征,对 σ^0 的反演仍将存在多解的情况。在无噪声的情况下,如果地球物理模型对顺风、逆风的差异足够敏感,并且 σ^0 有多于两个方位角的测量结果,那么全局最优解通常为真解。当测量结果存在噪声时,不仅不能预知解的数量,而且全局最优解为真解的概率将远小于 1,通常情况下是 50% 左右。HY-2B 散射计采用如下形式的目标函数:

$$J_{MLE}(U,\Phi) = -\sum_{i=1}^{N}\left[\frac{(z_i - M(U,\Phi-\varphi_i,\theta_i,p_i))^2}{\Delta_k} + \ln\Delta_k\right] \tag{3-16}$$

其中,$\Delta_k = (V_{Ri})^{1/2} = (\alpha_i\sigma^{0\ 2}_i + \beta_i\sigma^0_i + \gamma_i + V_{eMi})^{1/2}$;$J_{MLE}$ 为最大似然值,为风速 U 和风向 Φ 的函数;N 为风矢量单元内不同方位角/入射角 σ^0 测量结果的数量;z_i 为对应第 i 个 σ^0 测量结果;M 为地球物理模型预测的 σ^0,对应在方位角为 φ_i、入射角为 θ_i、极化方式为 p_i 观测条件下,风速为 U 和风向为 Φ 情况下的 σ^0 结果。

HY-2 微波散射计业务化运行采用 NSCAT-2 地球物理模型,该地球物理模型函数采用查找表形式,即在三维参数(风速、相对方位角、入射角)的网格节点上预先计算出 σ^0 值[13]。由于查找表为离散值,需采用查找表插值算法获得所需任意风速和方位角对应的 σ^0。

风矢量反演算法的目的就是要找出使得目标函数取得极大值的一组 U 和 Φ。由于模型函数高度非线性,为提高运算效率,反演算法分为粗搜索和精搜索两个步骤。首先通过粗搜索并获得初始解,然后这些初始解被代入精搜索及优化算法中对其进行修正。

1. 粗搜索算法

粗搜索算法以相对较粗的风速和风向搜索间隔,在风速风向空间快速搜索目标函数的局部极大值,获得初始解。由于目标函数在风速风向空间对风速呈山脊状分布,为提高算法效率,采用先搜索目标函数山脊,再从山脊中搜索局部最大值的搜索方式。同时,对风速赋予初始估计值,引导算法从对第一个风向搜索得出的风速结果附近区域开始搜索。

粗搜索算法主要计算步骤包括:按一定的风向间隔,在 0°～360°范围内,对一组给定的风向,确定最似然"山脊"与山脊对应的风速。对于每个风向,取三点窗口,对应风速分别为 U_0-dU,U_0,U_0+dU(dU 为风速搜索步长),分别计算窗口中每点风速对应的目标函数值 J_1,J_2,J_3。若中点的目标函数值为局部最大值(仅在速度空间考虑),则最适风速 U 及相应的目标函数值 J 可通过牛顿插值公式求出:

$$U(\varphi)=U_0-0.5(J'/J'')\mathrm{d}U \tag{3-17}$$

$$J(\varphi)=J_2-(J'^2/J'')/8 \tag{3-18}$$

其中,

$$J'(\varphi)=J_3-J_1 \tag{3-19}$$

$$J''(\varphi)=J_1+J_3-2J_2 \tag{3-20}$$

如果三点窗口中第一点或第三点中任意端点目标函数取值为最大,那么就向相应的方向移动三点窗口,并替换中点速度,同时计算新加入点的 J 值,再检测三点的目标函数值。循环这一过程,直到三点窗口中中点对应的目标函数成为局部极大。同时保存中值速度 U_0,以用于对下一风向的搜索。

粗搜索的最后一个步骤是采用三点一组的策略,在通过前面的步骤得出的最优"脊"上,在 $0°\sim360°$ 风向范围内,检测连续三点 $J(\varphi)$ 中,可以使第二点(中点)取最大值的 φ 及对应目标函数。粗搜索最终将获得 $2\sim6$ 个局部最大值。在某些情况下,由于数据噪声的影响,将会出现病态解。通常,这种情况的特征是出现一组数量远超过预期的解。目标函数值较小的解将被假定为伪解,而目标函数值最大的 $4\sim6$ 个解将被采纳为粗搜索的解,并在后续算法中作出进一步优化。

粗搜索完成后,得到的近似解将被传递至精搜索算法,以对近似解进行优化,并根据目标函数值的大小对最终获得的解进行排序,最终完成对单个风矢量单元的风矢量反演。

2. 精搜索算法

为确保风矢量反演算法的精度,在粗搜索之后,有必要采用更精细的风速及风向间隔,在粗搜索近似解附近的窗口内进行精搜索。该算法以粗搜索结果为中心,在 (U,Φ) 空间取 3×3 大小的精细网格窗口,搜索目标函数在该窗口内的最大值,并在该最大值不在窗口中心网格点时移动该窗口,并重复上述操作,直到目标函数最大值位于窗口的中心。该算法仅需少数几步操作即可从初始 (U_0,Φ_0) 解中得出优化的目标函数极大值。

设置窗口中心网格点索引为 $(0,0)$,其周围节点索引间隔为 1(图 3.5)。对最大值 J_{max} 出现在网格点 (i,j) 的情况,(i,j) 坐标可视为在各自方向上应移动的距离——移动矢量。对 9 点网格,表 3.1 列出了所有可能出现的情况,每种情况都以 $\mathrm{case}=|i|+|j|$ 标识。

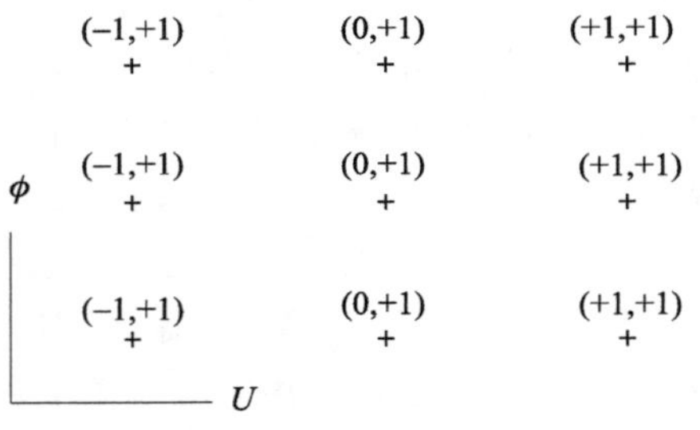

图 3.5 精搜索算法 9 点式二维网格分布图

表 3.1 精搜索可能出现的情况表

移动条件	操作	移动矢量
case = 0	不移动	$(i,j)=\{(0,0)\}$
case = 1	移动到边缘点	$(i,j)=\{(-1,0),(0,-1),(0,+1),(+1,0)\}$
case = 2	移动到角点	$(i,j)=\{(-1,-1),(+1,-1),(-1,+1),(+1,+1)\}$

在不考虑计算效率的情况下,可以以初始解 (U_0,Φ_0) 对应的格点为起始点,外围点距离起始点 $(\pm\mathrm{d}U,\pm\mathrm{d}\Phi)$ 设置搜索窗口,计算搜索窗口内各网格节点的目标函数值 $J(i,j)$,同时确定最大值所在的位置。当最大值不在网格中心时,通过最大值所在的位置 (i,j) 计算移动矢量,将 9 点窗口 (U,Φ) 平面移动 $(i\times\mathrm{d}U,j\times\mathrm{d}\Phi)$,即新网格中心点位于前一步骤得到的最大值所在位置,并计算新的网格各节点对应的目标函数值,搜索最大值,循环上述操作直到 $\mathrm{case}=0$,此时

中心点目标函数值为网格窗口 9 个格点中的极大值。

在需要考虑运算效率的情况下,这种算法显得有些效率低下。第一,没有必要在每一次移动之后计算所有 9 个格点的目标函数值。由于目标函数值 J 的计算是风矢量反演中运算量最大的部分,因此,将旧格点值传递给新格点,将有效提高运算效率。第二,对风矢量解的优化采用 5 点形式的格点进行计算,将比采用 9 点形式的格点更有效率。对 case=1 的情况,5 点格式仅需要将格点移动到边缘点。对 case=2 的情况,5 点格式需要经过两步移动,计算量为 $5+3n=11(n=2)$;而采用 9 点格式,计算量将为 $9+5n=14(n=1)$。在 5 点格式搜索完成后,有必要再计算并检验角点,以在最后一个步骤中进行高阶插值。如果位于角点的值为局部最大,则从该点开始继续执行 9 点格式搜索。表 3.2 列出了在特定移动条件(case)下,5 点格式以及 9 点格式需要的计算目标函数值的操作数,从表中可以看出,采用 5 点法较 9 点法,在计算效率上有了一定提高。

表 3.2　计算目标函数值的操作数统计表

移动条件 (case)	移动次数		MLE 计算次数	
	5 点法	9 点法	5 点法	9 点法
1	1	1	$5+3n=8$	$9+3n=12$
2	2	1	$5+3n=11$	$9+5n=14$

3.2.2.4　标准网格化算法

对沿轨存储的 L2B 级风矢量数据产品进行网格化处理,生成空间分辨率为 $0.25°×0.25°$,时间分辨率为 24 h 的标准等经纬度网格产品。设置数组 grid_wind_speed(720,1440,2) 和 grid_wind_dir(720,1440,2),并赋初值为 0,分别用于记录网格化风速与风向。其中,数组第一维度对应纬度,第二维度对应经度,第三维度对应升、降轨。每个网格节点对应的经纬度可通过下式计算:

$$LAT=-89.875+grid\_cell\_row/4 \tag{3-21}$$

$$LON=0.125+grid\_cell\_column/4 \tag{3-22}$$

HY-2 卫星散射计 Level 3A 数据以 $0.25°×0.25°$ 大小的网格形式提供每天的全球海面风场数据,并将升轨和降轨分开。当有多个风矢量单元落入到同一网格单元内时,数据值就会被覆盖,而不是取平均。因此,散射计 Level 3A 文件中仅包括了每天最近的一次测量值。

主要步骤如下。

步骤 1:网格化。将全球划分为 $0.25°×0.25°$ 的经纬网格,行的方向沿纬度方向,列的方向沿经度方向,全球包含 720 行,1440 列。每个网格的中心经纬度可由下式求出:

$$LON[i]=(360/XGRID)·(i+0.5) \tag{3-23}$$

$$LAT[j]=(180/YGRID)·(j+0.5)-90 \tag{3-24}$$

其中,YGRID、XGRID 分别为网格的行、列数,当网格间隔为 $0.25°$ 时,YGRID、XGRID 分别为 720 和 1440。

步骤 2:空间插值。采用三次样条、克里金或网函数等空间插值算法,将基于地面轨道网格的海面风场数据插值到全球经纬网格中。

步骤 3:观测时间转换。L2B 产品中的观测时间为 UTC(协调世界时),而 L3 产品中的观测时间为每天的百分比时间,因此需要进行时间转换,转换公式如下:

$$time\_fraction=(HH×3600+MM×60+SS.SSSS)/86400 \tag{3-25}$$

其中,HH、MM、SS. SSSS 分别为 L2B 文件中 UTC 的小时数、分钟数和秒数。

步骤 4:空数据指示器赋值。L3 产品中包含数据元素 Null_Data_Indicator,用来区分 0 值是表示空值还是表示 0 风速值。需要进行两个判断:首先检查 L2B 文件中的数据元素模糊解个数 num_ambigs,如果该数据元素的值为 0,表明当前风矢量单元没有进行风矢量反演,则 0 表示空值;其次检查 L2B 文件中的数据元素 wvc_quality_flag,如果该数据元素为 0,表明处理软件对该风矢量单元执行了风矢量反演操作。如果 wvc_quality_flag 为 0,并且 num_ambigs 不为 0,则将 Null_Data_Indicator 设为 0;否则,设为 1。

3.2.3 反演结果

利用 2020 年 4 月 19 日 HY-2B 卫星微波散射计 L1B 级数据产品、NCEP 辅助数据、海冰辅助数据、NSCAT-4 地球物理模型以及海陆标识查找表进行风场反演,反演结果与 NCEP 风场进行了比较,如图 3.6~图 3.8 所示。

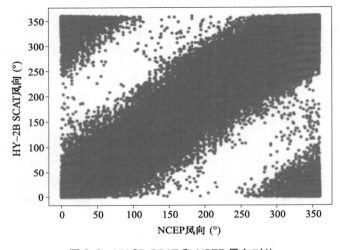

图 3.6 HY-2B SCAT 和 NCEP 风向对比

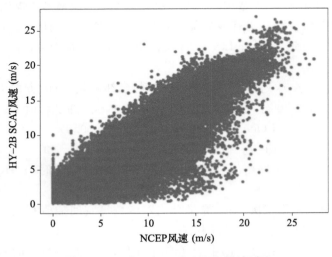

图 3.7 HY-2B SCAT 和 NCEP 风速对比

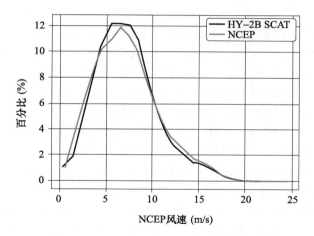

图 3.8　HY-2B SCAT 和 NCEP 风速分布

参考文献

[1] Stewart R H. Methods of satellite oceanography[D]. California：California Institute of Technology，1985.

[2] Rice S O. Reflection of electromagnetic waves from slightly rough surfaces[J]. Communications on Pure and Applied Mathematics，1951，4(2-3)：351-378.

[3] Peake W. Interaction of electromagnetic waves with some natural surfaces[J]. IRE Transactions on Antennas and Propagation，1959，7(5)：324-329.

[4] Semyonov G. Approximate computation of scattering of electromagnetic waves by rough surface contours[J]. Radio Engineering and Electronic Physics，1966，11：1179-1187.

[5] Wu S T，Fung A K. A noncoherent model for microwave emissions and backscattering from the sea surface[J]. Journal of Geophysical Research，1972，77(30)：5917-5929.

[6] Wentz F J. A two-scale scattering model for foam-free sea microwave brightness temperatures[J]. Journal of Geophysical Research，1975，80(24)：3441-3446.

[7] Wentz F J. A model function for ocean microwave brightness temperatures[J]. Journal of Geophysical Research：Oceans，1983，88(C3)：1892-1908.

[8] Yueh S H，Kwok R，Li F K，et al. Polarimetric passive remote sensing of ocean wind vectors[J]. Radio Science，1994，29(4)：799-814.

[9] Yueh S H. Modeling of wind direction signals in polarimetric sea surface brightness temperatures[J]. IEEE Transactions on Geoscience and Remote Sensing，1997，35(6)：1400-1418.

[10] Irisov V G. Azimuthal variations of the microwave radiation from a slightly non-Gaussian sea surface[J]. Radio Science，2000，35(1)：65-82.

[11] Johnson J T，Zhang M. Theoretical study of the small slope approximation for ocean polarimetric thermal emission[J]. IEEE Transactions on Geoscience and Remote Sensing，1999，37(5)：2305-2316.

[12] Liu Y，Yan X H. The wind-induced wave growth rate and the spectrum of the gravity-capillary

waves[J]. Journal of Physical Oceanography,1995,25(12):3196-3218.

[13] Liu Y,Yan X H,Liu W T,et al. The probability density function of ocean surface slopes and its effects on radar backscatter[J]. Journal of Physical Oceanography,1997,27(5):782-797.

[14] Liu Y,Su M Y,Yan X H,et al. The mean-square slope of ocean surface waves and its effects on radar backscatter[J]. Journal of Atmospheric and Oceanic Technology,2000,17(8):1092-1105.

[15] Elfouhaily T,Chapron B,Katsaros K,et al. A unified directional spectrum for long and short wind-driven waves[J]. Journal of Geophysical Research:Oceans,1997,102(C7):15781-15796.

[16] Petty G W. A comparison of SSM/I Algorithms for the Estimation of Surface Wind[C]. Proceedings Shared Processing Network DMSP SSM/I Algorithm Symposium,1993.

[17] Chi C Y,Li F K. A comparative study of several wind estimation algorithms for spaceborne scatterometers[J]. IEEE Transactions on Geoscience and Remote Sensing,1988,26(2):115-121.

[18] Jiang X,Lin M,Liu J,et al. The HY-2 satellite and its preliminary assessment[J]. International Journal of Digital Earth,2012,5(3):266-281.

第 4 章　海表面热焓卫星反演技术

4.1　引言

　　融合海面温度以英国气象局 OSTIA 的海面温度产品和葵花 8 号海温产品为基准,对国家卫星气象中心 FY-4A 海温产品进行订正[1]。其中,FY-4A SST、葵花 8 号和 OSTIA 或 CMC 的融合方法为权重法,在得到融合海温的基础上,结合模式统计输出的海洋温度廓线数据,计算获得 FY-4A 卫星的 TCHP(海洋热容量)产品[2,3]。

　　海面温度是全球海洋大气系统中最为重要的参数之一,是气候变化的关键指征参数。海面温度被广泛地应用于上层海洋过程、海气热量交换、海洋大气数值模拟与预报等研究和应用中[4]。海-气相互作用研究表明,海温是影响长期天气过程的重要因素之一[5]。海水温度状况是评测海洋渔场环境的重要因子,对渔业资源开发有重要作用。海温的变化直接影响气候变化、渔场分布,厄尔尼诺、台风等自然灾害的形成也与海温变化密切相关[6,7]。因此,掌握高精度、高覆盖率的海面温度数据,对研究海洋环境、全球气候变化以及防灾减灾等具有非常重要的意义[8]。

　　1997 年早期,由气候海洋观测小组和地球观测卫星委员会提出全球海洋数据同化实验的概念,并且整合了全球观测战略[9]。全球海洋资料同化实验(GODAE)是一个国际性的项目,其目的是最大化整合资源,建立一个集观测、通信传输、建模、同化于一体的全球系统[10,11]。该系统可以定期分发海洋综合信息,使海洋观测和预测活动就像天气预报一样,并使得海洋资源最大限度地为人类服务。通过国际合作,以其产品、服务和实际行动,向世人证明全球海洋数据和预报产品的优势和有效性[12]。SST 产品是其中最重要的产品之一,在可操作海洋和大气预测系统中,是限定上层海洋循环热结构模型和海洋-大气能量交换的必须物理量[13]。

　　卫星资料反演能够为数值模式提供高分辨率的海温数据。但是,大多数卫星反演数据采用全球反演算法,它的数据评价是以全球尺度作为标准,精度往往难以满足局部海域的应用要求。虽然海温格点数据可以覆盖全球范围,但是它的空间分辨率不高。当前海洋气象数值预报业务迫切需要日平均或者半日平均的高空间分辨率的精细的海温资料,用以提升海洋灾害天气的数值预报能力。因此,拟采用 FY-4A 及葵花 8 号数据,通过数据融合来进行海温反演[14]。

4.2　数据与方法

4.2.1　数据介绍

　　实验所需要的数据主要包括 FY-4A 融合海温数据、TCHP 辅助数据和中国气象局热带气旋数据。其中,FY-4A 融合海温数据和 TCHP 辅助数据用于 TCHP 算法中计算 TCHP;中国气象局热带气旋数据用于探索分析 TCHP 与台风演化的影响关系。

4.2.1.1 FY-4 卫星资料介绍

FY-4 静止气象卫星于 2016 年 12 月 11 日发射,在 2018 年 5 月资料公开,是我国第二代静止轨道气象卫星,采用三轴稳定平台,如图 4.1 所示。卫星搭载了 3 台光学载荷,分别是多通道扫描成像辐射计、干涉式大气垂直探测仪、闪电成像仪以及空间环境监视仪器包[15]。

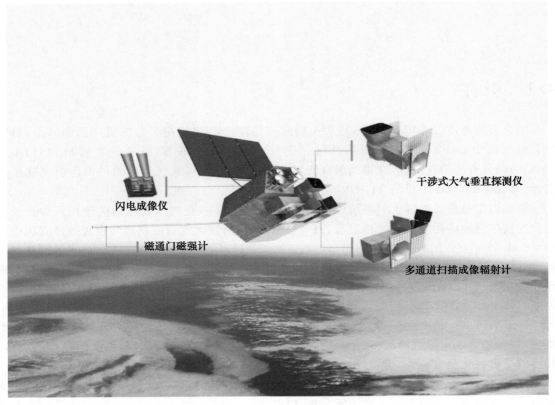

图 4.1　FY-4 卫星在轨状态

其中,AGRI 传感器用来替代 FY-2 静止轨道气象卫星可见光/红外扫描辐射计(VISSR),VISSR 是 5 通道成像仪,AGRI 是 14 通道成像仪,并且成像质量有大幅度提高。AGRI 传感器指标参数如表 4.1 所示。FY-4A 卫星自 2018 年 5 月 1 日正式投入业务运行以来,提供了云、辐射、温湿度、大气、云导风、闪电等 34 种数据产品,可更加精确地开展天气监测与预报、数值预报和气候监测[16]。

表 4.1　FY-4A AGRI 传感器指标参数

传感器	名称	指标
AGRI	空间分辨率	0.5~1.0 km(可见光);2.0~4.0 km(红外)
	成像时间分辨率	15 min(全圆盘);3 min(1000 km × 1000 km)
	定标精度	0.5~1.0 K
	灵敏度	0.2 K

FY-4 卫星 ARGI 产品数据的 14 个波段参数如表 4.2 所示。其中,波长范围 0.47～13.5 μm;空间分辨率最大为 4 km,主要用作水汽、云、地表温度等,最小为 0.5 km,主要用途为对植被监测和对图像导航配准恒星观测。FY-4A ARGI 产品又称为标称数据集产品,存储格式为 HDF5。其中,数据集产品主要包含两个部分,一个是文件属性部分,包含了 FY-4A 卫星图像的基础参数和对文件数据描述的介绍信息;另外一个是科学数据集部分,其主要用来存储各类数据,包含 14 个通道的图像数据、各不同波段的定标数据和质量控制数据等[17]。

表 4.2　ARGI 各波段波长、空间分辨率及主要用途

波段	波长(μm)	空间分辨率(km)	通道主要用途
1	0.47	1～2	小粒子气溶胶,真彩色合成
2	0.65	0.5～2	植被,图像导航配准恒星观测
3	0.83	1～2	植被,水面上空气溶胶
4	1.37	2	卷云
5	1.61	2	低云/雪识别,水云/冰云判识
6	2.22	2～4	卷云、气溶胶、粒子大小
7	3.72(高)	2	云等高反照率目标,火点
8	3.72(低)	4	低反照率目标,地表
9	6.25	4	高层水汽
10	7.10	4	中层水汽
11	8.50	4	总水汽、云
12	10.8	4	云,地表温度等
13	12.0	4	云、总水汽量,地表温度
14	13.5	4	云、水汽

4.2.1.2　融合海温数据

融合海温数据由 FY-4A L2 级卫星观测 SST 数据、葵花 8 号卫星 SST 数据以及分析场海温 OSTIA 融合生成。FY-4A 卫星搭载的 AGRI 传感器反演得到的 L2 海温全圆盘标称投影数据,其空间分辨率为星下点 4 km,时间分辨率为每小时生成一个数据;葵花 8 号卫星搭载的可见光和红外扫描辐射计(AHI)反演得到的 L3C 海温数据,采用全圆盘标称投影数据,空间分辨率 0.02°,时间分辨率每小时生成一个数据;英国气象局通过卫星反演海温、现场海温融合生成的分析场海温产品,采用等经纬度投影,空间分辨率 0.05°,时间分辨率每天生成一个数据[18]。

4.2.1.3　海洋热熔辅助数据

实验采用了 NOAA 的国家海洋数据中心海洋气象实验室的气候态海洋要素产品 WOA18 数据集作为辅助数据,用来刻画西北太平洋海域背景海洋温度和盐度特征。WOA18 数据空间分辨率为 0.25°×0.25°,垂向从海表到 6600 m 深度共分 78 层。

MSLA(海面高度异常融合资料)来自 CMEMS(全球监测和预报中心的气象预报部门)。该数据产品用于分析西北太平洋海域上混合层深度分布特征。该资料已经进行质量控制,其空间分辨率为 0.25°×0.25°,时间分辨率是 1 d。

验证数据采用中国浮标(ARGO)实时资料中心的 ARGO 温度剖面数据,评估为通过两层

约化重力模式得到的 26 ℃等温线深度。

4.2.2 算法流程

融合海面温度算法及产品生成功能模块由如下子模块构成。

(1)FY-4A 海温产品和葵花 8 号海温预处理子模块：读取 FY-4A 海温产品和葵花 8 号海温并进行预处理，使其满足后续的计算和处理需要。

(2)OSTIA(CMC)海面温度产品预处理子模块：读取 OSTIA(CMC)的海面温度产品并进行预处理，使其满足后续的计算和处理需要。

(3)云污染等无效像素点剔除子模块：剔除 FY-4A 海温产品中有云的像素点，当卫星数据有云时，则没有对应的海面温度，此时完全采用 OSTIA(CMC)数据。

(4)融合算法权重因子计算子模块：主要功能是计算出 FY-4A 卫星海温和 OSTIA(CMC)海温这两个不同源的海温数据的权重因子，以便于后面融合数据的生成。

(5)融合生成海面温度子模块：根据融合算法权重因子，分别对风云卫星海温和 OSTIA(CMC)海温进行加权处理，得到新的融合后的海温数据。

(6)TCHP 产品生成子模块：根据融合后的海温数据和海洋温度廓线数据，根据 TCHP 的计算公式进行计算，得到 TCHP 产品。

融合海面温度算法及产品生成功能模块组织结构如图 4.2 所示。

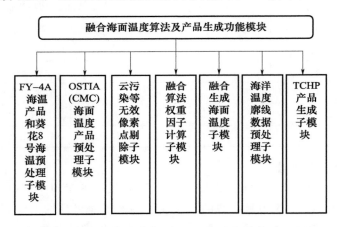

图 4.2　融合海面温度算法及产品生成功能模块组织结构图

4.2.2.1　FY-4A 海温产品和葵花 8 号海温预处理

1. 输入和查找与 FY-4A 海面温度产品获取时间差异在 0.5 h 内的葵花 8 号海面温度多通道 BT 数据；输入对应观测海域的陆/海掩膜数据文件(采用 ETOP1/12°数字高程数据进行陆/海掩膜)；读取 FY-4A/葵花 8 号云掩膜和冰云掩膜产品文件。

2. 初始化 5 km×5 km 笛卡尔坐标标准网格，可覆盖 FY-4A 和葵花 8 号静止卫星观测海域。

3. 将 FY-4A/葵花 8 号静止卫星海面温度数据、观测海域的陆/海掩膜数据、FY-4A/葵花 8 号云掩膜和冰云掩膜数据插值到 5 km×5 km 笛卡尔坐标标准网格，形成融合网格数据。

4. 采用最优插值法对 FY-4A/葵花 8 号静止卫星海面温度数据、FY-4A/葵花 8 号云掩膜(冰云掩膜)数据分别进行最优插值，获得最优法权重因子，计算出融合卫星海温、陆/海掩膜、云掩膜和冰云掩膜数据产品。具体步骤如下。

1)假设格点 k 上的分析增量 r_k 表示该点的 SST 分析值与该点背景场值的偏差,而观测增量 q_i 表示观测值与背景场值的差,则 r_k 可表示为:

$$r_k = \sum_{i=1}^{N} w_{ik} \, q_i \qquad (4\text{-}1)$$

其中,w_{ik} 为最小化方差求得的各观测点权重因子;下标 i 表示有效观测数据格点;N 为有效观测数据格点总数。

2)由最小二乘法原理,权重因子 w_{ik} 有:

$$\sum_{i=1}^{N} (\langle \pi_i \, \pi_k \rangle + \varepsilon_i^2 \delta_{ij}) \, w_{ik} = \langle \pi_i \, \pi_k \rangle \qquad (4\text{-}2)$$

其中,$\langle \pi_i \, \pi_k \rangle$ 表示背景场相关误差的数学期望;ε_i 为在点 i 处的观测数据标准差与背景场数据标准差之比,ε_i 取 0.5。

3)在融合过程中,一般假设观测数据误差互不相关,故:

$$\delta_{ij} = \begin{cases} 1 & i=j \\ 0 & i \neq j \end{cases} \qquad (4\text{-}3)$$

通过对上述步骤中线性方程组求解,即可获得各观测数据相对于网格点 k 的权重因子。利用网格点 k 的权重因子对 FY-4A/葵花 8 号静止卫星海面温度数据加权求和,得到 FY-4A/葵花 8 号静止卫星融合海面温度。

对于 FY-4A/葵花 8 号云掩膜(冰云掩膜)数据融合,则做如下处理:如果在网格点 k 处,FY-4A/葵花 8 号云掩膜(冰云掩膜)数据一致,即都判定该网格点为有云或者无云,则该网格点融合云掩膜(冰云掩膜)值与 FY-4A/葵花 8 号云掩膜(冰云掩膜)数据一致;如果在网格点 k 处,FY-4A/葵花 8 号云掩膜(冰云掩膜)数据相反,则采用上述最优插值法求出的加权因子对 FY-4A/葵花 8 号云掩膜(冰云掩膜)数据进行融合计算,取融合值距离 FY-4A/葵花 8 号云掩膜(冰云掩膜)数据值最近的掩膜值为最终云掩膜(冰云掩膜)融合判定结果。

4.2.2.2　OSTIA(CMC)海面温度产品预处理

1. 输入对应观测海域的陆/海掩膜数据文件(采用 ETOP1/12°数字高程数据进行陆/海掩膜);读取 OSTIA(CMC)日均海温数据产品文件。

2. 对 OSTIA(CMC)日均海温数据进行天顶角检测。地面站接收的 OSTIA 数据包含 0°～90°的天顶角观测角度数据,为了防止天顶角过大造成观测结果不准确,首先对数据进行天顶角检测,只保留天顶角小于 45°的观测值。

3. 对 OSTIA(CMC)日均海温数据进行海温锋面参数提取和海温锋面检测。由于 OSTIA 的 SST 数据在海温锋面处测量会出现与实测数据偏差较大的情况,因此,需要对数据进行锋面检测。主要步骤如下。

根据研究区域 SST 空间分布特征划定一个矩形区域,称之为矩形提取窗,提取窗应能恰好覆盖研究区域内的锋面概率高值区,且其宽度方向应近似垂直于锋面走向。在此基础上,根据需要选取矩形提取窗的一个顶点作为坐标原点,定义 x 轴平行于提取窗的长度方向,表示沿锋面方向的距离;y 轴平行于提取窗的宽度方向,表示跨锋面方向的距离;z 轴垂直于 x,y 面。定义 $x = x_j$ 处的理想跨锋面温度场为:

$$z_{\text{model}}^{j}(y) = \theta_1^j + \theta_2^j \tanh\left(\frac{y + \theta_4^j}{\theta_3^j}\right) \qquad (4\text{-}4)$$

其中,$z_{\text{model}}^{j}(y)$ 表示 SST;θ_1^j 表示锋面的平均温度(℃);$2\theta_2^j$ 表示锋面的温度变化范围(℃);$2\theta_3^j$

表示锋面的宽度(°);$-\theta_4^j$ 表示锋面中心至 x 轴的距离(°)。

可通过改变 $\theta_1^j \sim \theta_4^j$ 的值调节该温度场的具体形态。假设理想跨锋面温度 $z_{model}^j(y)$ 与遥感跨锋面温度场 $z_{rs}^j(y)$ 各数据点的温度偏差 ε 服从均值为 0、方差为 δ^2 的正态分布 $\varphi(0,\delta^2)$,则 $x=x_j$ 处遥感跨锋面温度场的局部似然函数可表示为:

$$L_j = \sum_{i=1}^{n} \left[K(x_i - x_j,h) \times l(x_i) \right] \tag{4-5}$$

其中,

$$k(x_i - x_j,h) = \frac{1}{\sqrt{2\pi h^2}} \exp \left[\frac{-(x_i - x_j)^2}{2h^2} \right] \tag{4-6}$$

$$l(x_i) = \Pi_{k=1}^{m} \frac{1}{\sqrt{2\pi h^2}} \exp \left[-\frac{(z_{rs}^j(y_k) - z_{model}^j(y_k))^2}{2\sigma^2} \right] \tag{4-7}$$

其中,$\{x_1,\cdots,x_j,\cdots,x_n\}$ 表示各跨锋面截面至 y 轴的距离;$\{y_1,\cdots,y_k,\cdots,y_m\}$ 表示各数据点至 x 轴的距离;$k(x_i - x_j,h)$ 表示带宽为 h 的高斯权重函数;$l(x_i)$ 表示 $x=x_i$ 处遥感跨锋面温度场的标准似然函数。

根据局部似然函数的定义,L_j 近似认为越大,$z_{model}^j(y)$ 越逼近 $z_{rs}^j(y)$。因此,可通过 Newton-Raphson 算法(NR 算法)解出一组参数值 $\{\theta_1^j,\theta_2^j,\theta_3^j,\theta_4^j\}_{opt}$,使得 L_j 达到最大,即 $z_{model}^j(y)$ 最优逼近 $z_{rs}^j(y)$,选取该组参数值作为 $x=x_j$ 处锋面的特性参数,作为锋面参数。依照上述方法求解各跨锋面截面的锋面参数,即可获取研究区域内锋面系统特性的空间变化。

4. 空间海温变化估计稳定性改进。通过理想实验检验遗传算法对统计模型检测法稳定性的改善。包括以下步骤:通过矩形提取窗提取遥感跨锋面温度场;通过温度场重构算法重构过渡区两侧的遥感温度场;利用统计模型检测法计算锋面参数,其中,NR 算法的迭代初值通过遗传算法提供。具体实施过程如下。

在宽度为 1° 的提取窗中利用理想跨锋面温度场构造若干待测锋面,各待测锋面的温度变化范围和宽度均为定值,平均温度与中心位置在一定范围内自由变化,以此模拟锋面参数值的动态变化。将待测锋面平均温度的变动区间设为 $10 \sim 30$ ℃($\theta_1 = 10 \sim 30$ ℃),温度变化范围设为 3 ℃($\theta_2 = 1.5$ ℃)。为保证锋面两侧有充足的数据表征水团特性,将待测锋面的宽度设为 $0.3°(\theta_3 = 0.15°)$。根据提取窗的宽度值,将锋面中心至 x 轴距离的变动区间设为 $0° \sim 1°$($\theta_4 = -1° \sim 0°$)。为使迭代初值与各待测锋面参数值之间的偏差最小,分别取 θ_1 和 θ_4 变动区间的中点为 θ_1 和 θ_4 的迭代初值,令 θ_2 和 θ_3 的迭代初值等于其相应的真值,即 $\{\theta_1,\theta_2,\theta_3,\theta_4\}_{initial} = \{20$ ℃,$1.5°,0.15°,-0.5°\}$。分别通过原算法和改进后算法求解各待测锋面参数值,并记录求解所需的迭代次数。

总体而言,仅当待测锋面的 θ_4 与迭代初值的偏差小于 30% 时,锋面检测的成功率较高;就个例而言,当待测锋面的 θ_1 为某些特定值时,待测锋面的 θ_4 与迭代初值之间 5% 的偏差即可导致原算法迭代发散。此外,虽然该算法只在 θ_1 和 θ_4 同时变化的情况下验证了算法稳定性的改善,但根据遗传算法的自适应性,该实验结果可推广至实际陆架区中多锋面参数同时变化的情况。综上所述,改进后统计模型检测法的稳定性得到提高,使得其更适于检测陆架区动态变化的锋面特性。

5. 时空匹配插值:5 km×5 km 网格、陆/海掩膜。

对 OSTIA(CMC)日均海温数据进行初始化插值 5 km×5 km 笛卡尔坐标标准网格,截取可覆盖 FY-4A 和葵花 8 号静止卫星观测海域数据。

6. 输出 OSTIA(CMC)海温预处理数据产品(5 km×5 km 网格)。

4.2.2.3　云污染等无效像素点剔除

1. 输入时差为 15 min 的 FY-4A 亮温数据对。

2. 输入对应观测海域的陆/海掩膜数据文件(采用 ETOP1/12°数字高程数据进行陆/海掩膜)。

3. 提取归一化动云指数。该指数主要用于检测运动的云层边缘和运动的细小云系。由于 FY-4A 是静止气象卫星,其观测区域不随时间改变,而云层会随时间变化而移动,同时 FY-4A 拍摄间隔时间短(15 min),因而可以忽略由于太阳高度角改变造成的反射率和亮温变化。因此,通过比较当前遥感图像与上一时间段(15 min)遥感图像每个像素点的变化量与自身像素点的比值,提出了归一化动云指数(NDCMI):

$$NDCMI = \frac{Pxielnow - Pixelpast}{Pxielnow + Pixelpast} \tag{4-8}$$

其中,Pixelnow 为当前遥感数据值;Pixelpast 为 15 min 前遥感数据值。

对于红外亮温数据 Pixel,设 Maxtemp 为当前红外通道辐射定标表中最高的高温值,将式中的 Pixel 替换为 Maxtemp-Pixel。归一化动云指数反映云层移动时云层边缘的反射率或亮温变化,可以较清晰地检测出云层边缘与细小云系,使云检测图像边缘更加清晰,对于细小的低云、薄云检测更加敏感。

4. 动态阈值确定。传统的动态阈值法,如动态阈值云检测(DTCM)法,在使用中会出现一些问题,如固定划分区域中云的数量较多,找不到区分云和地表的动态阈值;其改进型使用滑动分析区和嵌套分析区方法来扩大分析区,使分析区中包含较多的非云部分,虽然可以找到区分云和地表的动态阈值,但是方法较为复杂。本算法利用归一化动云指数绝对值较大的区域为云层周围的特性,可以通过归一化动云指数作为索引,方便寻找到适合的分析区大小,以计算出局部的动态阈值。对于转化为反射率的遥感图像,将其中归一化动云指数大于 0 的部分视为有云部分,小于 0 的部分视为无云部分。首先对遥感数据进行辐射定标,进行反射率或亮温变换,并将所有数据分辨率经过重采样统一到 2748 像素×2748 像素,以方便后续处理。

索引生成过程:选取 R 0.65 和 BT 10.8 通道的遥感图像,生成归一化动云指数图像;使用 K-Means 聚类方法,将归一化动云指数图像划分成三个部分——有云区域、无云区域和不确定区域。将聚类后质心位置绝对值较大的两个类型分别作为有云和无云区域,提取这些像素的位置分别作为有云区域索引和无云区域索引(反射率遥感数据质心位置大于 0 为有云区域,小于 0 为无云区域),并按下垫面类型将索引拆分为陆地索引和海洋索引。

阈值图生成:将 BT 10.8 的遥感图像以 12 像素×12 像素的规模进行划分,并按下垫面类型划分成三类——下垫面全为陆地、下垫面全为海洋和下垫面为海陆混合区域。使用陆地索引和海洋索引分别计算每一个区域的阈值。具体算法如下。

1)确定该区域类型。

2)根据类型使用相应的索引表,查找该区域中的有云区域索引和无云区域索引像素点。如果有云区域索引像素点数量 N_1 和无云区域索引像素点数量 N_2 的数量关系不满足要求,就每次将搜索范围扩大 12 像素,直至满足数量关系或者达到原图像边长的一半。

3)当搜索区域中 N_1 和 N_2 满足数量关系或者搜索范围达到原图像边长的一半时,该范围中应当包含了大量云的边界,即该局部区域包含云层和非云,使用 K-Means 方法进行二分类即可获得阈值。

4)将生成的阈值记录在阈值图中,如果没有结束就选取下一个区域,然后转跳至第一步。

图像调整:因为基于归一化动云指数提取的阈值主要针对低云、薄云和运动的云,有可能将一些冰雪和高亮度区域误判为云,也可能漏掉一些高云,因此,需要将提取出的云进行调整,使用归一化积雪指数、归一化植被指数(NDVI)去除冰雪区域和无云区域,使用 R 1.3.8 通道弥补高云信息,最后再叠加可见光和红外的归一化动云指数中有云区域,增强对低云、薄云的检测。

提取云检索索引:基于上述流程也可以生成非云区域检测图,只需要将阈值设置为聚类后非云区域质心位置即可,将生成的云检测和非云区域二值图去除重复以及不确定区域后,分别生成索引,用于制作数据集。

5. 数据集选取标准确定。在提取数据集的过程中,首先选取与云检测相关的通道以及相关的指数作为特征向量,然后根据云检测索引制作成数据集。通过查阅文献选取出如下通道。

(1)中心波长为 $0.65~\mu m$ 的可见光通道(R 0.65)。该通道适用于陆面、海洋和冰雪区域的云检测。同时,由于该通道是可见光通道,在光线较暗或无光照的地区无法使用。

(2)中心波长为 $1.38~\mu m$ 的近红外通道(R 1.38)。该近红外通道处于水汽的强吸收带上,地面的辐射因水汽吸收很难到达传感器。由于卷云位于对流层上层,绝大部分大气中的水汽在卷云下方,因此当有卷云存在时,卫星将在水汽的强吸收带 $1.38~\mu m$ 处观测到很强的被卷云散射的太阳辐射,而中低云的辐射由于大气辐射路径上的水汽吸收而剧烈衰减,使得高层的薄卷云得以凸显。

(3)中心波长为 $10.8~\mu m$ 的红外通道(BT 10.8)。该通道适用于夜间冷高云检测。

(4)红外差值。根据法国气象局在 2008 年提出的云检测算法,选取其中最通用的三种差值法进行云检测:

红外波段 $10.8~\mu m$ 与 $12~\mu m$ 的亮温差法;

红外波段 $8.5~\mu m$ 与 $10.8~\mu m$ 的亮温差法;

红外波段 $10.8~\mu m$ 与 $3.7~\mu m$ 的亮温差法。

因此,选取 $3.7~\mu m$、$8.5~\mu m$ 及 $12~\mu m$ 通道作为特征向量。

(5)归一化积雪指数。该指数用于区别云检测中肉眼不易区分的冰雪和云。积雪在中心波长为 $0.5~\mu m$ 附近的通道具有相对较高的反射率,在中心波长为 $1.6~\mu m$ 和 $2.1~\mu m$ 附近的通道具有相对较低的反射率,因此,可以通过使用 NDSI 进行冰雪和海岸线检测。

(6)参考卫星 FY-4 成像特性加入了 $0.825~\mu m$ 和 $2.25~\mu m$ 通道作为特征向量。最后,通过获取的云检测索引建立数据集,同时建立标签集,选取 1 为有云,0 为晴空,作为数据标签。

6. 基于 BP 神经网络的云检测。BP 神经网络是一种按误差逆传播算法训练的多层前馈网络,它利用输出后的误差来估计输出层的直接前导层误差,再用这个误差估计更前一层的误差,如此一层一层地估计下去,最终获得所有其他各层的误差估计值。BP 神经网络的拓扑结构包括输入层、隐含层和输出层。多光谱阈值法具有理解简单和实现容易的特点,对于局部地区某一时刻,通过调整阈值可以有效提高云检测效果。由于 FY-4A 卫星属于静止轨道卫星,它的检测范围大,不同时间、地点、季节会产生不同的阈值。因此 FY-4A 卫星遥感图像的阈值调整难度大,且阈值的设定有一定的主观性,无法对大范围的云进行准确检测。

首先,通过基于归一化动云指数的动态阈值云检测算法获得大量的输入-输出映射关系,相比人工方式效率大大提高;其次,通过赋予每一个点大量的附加信息(各个通道的测量值、各个通道相较于上一次测量的变化值、卫星高度角等),通过 BP 神经网络的非线性映射能力、自学习能力、自我纠错能力、适应性能力及泛化能力,使其自行调整每个维度的权重,去除输入数据中错误部分,发掘各个维度数据的隐藏关系;最终,生成更加合理的云检测结果。

7. 输出云污染等无效像素点标识数据产品(5 km×5 km 网格)。

4.2.2.4 融合算法权重因子计算

1. 输入 OSTIA(CMC)海温预处理数据文件。

2. 输入 FY-4A 三波段亮温(3.9 μm、10.8 μm、12 μm)及相应辅助数据产品文件。

3. 白天、夜间回归 SST 估计回归系数。具体方法步骤如下。

(1)回归算法。用于白天和夜间的所选回归算法如式(4-9)和式(4-10)所示。这些方程最初是为 AVHRR 导出的,目前也用于 MODIS,并计划用于 VIIRS,本方案中将用于卫星 FY-4A。

非线性 SST 算法(NLSST)不使用 3.9 μm 波段,这使其适用于白天:

$$T_R = a_0 + a_1 T_{11} + a_2 (T_{FG} - 273.15)(T_{11} - T_{12}) + a_3 (T_{11} - T_{12})(\sec\theta - 1) \tag{4-9}$$

多通道 SST 算法(MCSST)使用 3.9 μm 波段,仅适用于夜间,此波段不受阳光散射和反射污染:

$$T_R = a_0 + a_1 T_4 + a_2 T_{11} + a_3 T_{12} + a_3 (T_4 - T_{12})(\sec\theta - 1) + a_5 (\sec\theta - 1) \tag{4-10}$$

其中,T_R 为回归 SST 估计;T_4,T_{11} 和 T_{12} 分别为 3.9 μm、10.8 μm 和 12 μm 波段的亮度温度(BT);T_{FG} 为首先猜测(先验)SST(气候或分析/预测 SST,即 OSTIA(CMC)SST);θ 为表面的局部天顶角,并且 a_0,a_1,…,a_5 是由原位 SST T_{IS} 与观察到的 BT 的匹配计算的回归系数。

一般来说,系数 a_0,a_1,…,a_5 在每个卫星的任务早期,根据经验对原地 SST 进行计算,也可以使用辐射传输模式(RTM)模拟计算。式(4-9)和式(4-10)的反 SST/BT 关系的不准确性,导致回归 SST 估计 T_R 中的局部偏差。使用 RTM 模拟,可以从 T_R 中提取偏差分量,回归方程为:

$$T_R = a_0 + a^T Y \tag{4-11}$$

其中,a 为回归系数的向量;Y 为回归量的向量。

在 NLSST 公式中,例如,a 是三维向量,$a = [a_1, a_2, a_3]^T$,Y 是观察到 T_{11} 和 T_{12}、T_{FG} 和 θ 的三维向量函数:

$$Y(T_{11}, T_{12}, T_{FG}, \theta) = \varphi(T_{11}, T_{12}, T_{FG}, \theta) \tag{4-12}$$

$$\varphi(T_{11}, T_{12}, T_{FG}, \theta)^T = [T_{11}, (T_{11}, T_{12})(T_{FG} - 273.15), (T_{11} - T_{12})((\sec\theta - 1))] \tag{4-13}$$

通常,使用最小二乘法从原位 SST T_{IS} 和观察到的亮温(BTs)T_B 之间的一组匹配计算回归系数:

$$a = S_{YY}^{-1} S_{YT} \tag{4-14}$$

$$a_0 = <T_{IS}> - a^T <Y> \tag{4-15}$$

其中,S_{YY} 为 Y 在匹配数据集上的协方差矩阵;S_{YT} 为 Y 和 T_{IS} 的协方差;尖括号"$<>$"表示匹配数据集的平均值。

式(4-15)确保 T_R 在匹配数据集内相对于 T_{IS} 是无偏的。通常,回归 SST 增量 $\Delta T_R = T_R - T_{FG}$ 的全局偏差很小,因为第一猜测字段 T_{FG} 锚定到 T_{IS}。然而,传统回归的形式主义并不能防止 ΔT_R 中的局部偏差成为观察条件的函数。可以使用以下 Y。Y 的扩展从 ΔT_R 提取局部偏差项:

$$Y = Y_{CS} + \Delta Y \tag{4-16}$$

其中,Y_{CS} 为模拟晴空 BTs T_{CS11} 和 T_{CS12} 近似 Y。

$$Y_{CS} = \Phi[T_{CS11}(T_{FG}, x, \theta), T_{CS12}(T_{FG}, x, \theta), T_{FG}, \theta] \tag{4-17}$$

其中，x 为全球预测系统（GFS）大气变量的向量。

$\Delta Y = Y - Y_{CS}$，即：

$$\Delta Y = \Phi[\Delta T_{B11}(T_{FG}, x, \theta), \Delta T_{B12}(T_{FG}, x, \theta), T_{FG}, \theta] \qquad (4\text{-}18)$$

其中，ΔT_{B11} 和 ΔT_{B12} 为 BT 增量，$\Delta T_{B11} = T_{B11} - T_{CS11}$，$\Delta T_{B12} = T_{B12} - T_{CS12}$。

将式（4-16）代入式（4-11），将 ΔT_R 分解为局部偏差分量 ΔT_L 和信息分量 ΔT_I：

$$\Delta T_R = \Delta T_I + \Delta T_L \qquad (4\text{-}19)$$

$$\Delta T_I = a^T \Delta Y \qquad (4\text{-}20)$$

$$\Delta T_L = a_0 + a^T Y_{CS} - \Delta T_{FG} \qquad (4\text{-}21)$$

根据式（4-18）和式（4-19），当 $T_{11} = T_{CS11}$，且 $T_{12} = T_{CS12}$ 时，$\Delta T_I = 0$，并且 ΔT_I 是 ΔT_R 对 ΔT_{B11} 和 ΔT_{B12} 的变化的无偏响应。相反，根据式（4-17）和式（4-21），ΔT_I 代表 ΔT_R 的局部偏差，它不依赖于观察，而是 θ 和 RTM 输入变量的函数。

（2）大气校正反演算法。反演算法旨在以两种方式改善 SST 的大气校正。首先，如果通过首次猜测分析 SST 和大气变量模拟的 T_B 与 T_{CS}（亮温变量）的近似值足够准确，则与回归算法的情况相比，它可以减少局部 SST 偏差。其次，根据所使用的传感器频带的数量，反演算法通过同时检索 SST 和一个或两个大气变量来解释大气传输与第一次猜测的随机偏差。在RTM 反演算法的实现中，我们使用了两个未知数，SST 和光学厚度比例因子（ODSF），定义为从数据 T_{FG} 计算的水汽吸收光学厚度 τ 与其值的比值：

$$\beta = \tau / \tau_{FG} \qquad (4\text{-}22)$$

相应的 RTM 方程组可以写成如下：

$$F(T_s, \beta) = T_B + \eta \qquad (4\text{-}23)$$

其中，$F(T_s, \beta)$ 为矢量 RTM 函数；T_B 为观察到的亮度温度的矢量；η 为仪器噪声。

要求解（4-23），未知变量以增量形式表示：

$$T_{INV} = T_{FG} + \Delta T_{INV}$$
$$\beta = 1 + \Delta\beta \qquad (4\text{-}24)$$
$$T_B = T_{CS} + \Delta T_B$$

其中，T_{INV}，$\Delta\beta$ 和 ΔT_B 为增量，即相应变量与第一次猜测的偏差。

将式（4-24）代入式（4-23），可以线性化并得到增量形式：

$$KZ^T = \Delta T_B + \eta \qquad (4\text{-}25)$$

其中，$Z^T = [\Delta T_s, \Delta\beta]T$；$K$ 表示在 $T_s = T_{FG}$ 且 $\beta = 1$ 时，$F(T_s, \beta)$ 的雅可比行列式。

一般来说，式（4-25）的集合是病态的，即它的解是不稳定的。关于噪声和其他干扰因素，需要通过关于 ΔZ 的先验信息进行稳定。最有估计（OE）技术假设 Z 是具有已知高斯统计分布的随机向量，并产生向量 Z 的贝叶斯估计：

$$Z = (K^T \Delta^{-1} K + S^{-1})^{-1} K^T \Delta^{-1} \Delta T_B \qquad (4\text{-}26)$$

其中，Δ 为测量误差的协方差矩阵；S 为 ΔZ 的先验协方差矩阵。

OE 技术的缺点在于，式（4-26）偏向于第一次猜测，忽略了检索到的 SST 中的空间和时间变化。通常，通过式（4-26）中 S 的对角线元素的经验调整，可以减少（但不能完全去除）T_{INV} 中的人为偏差。然而，这种调整不能从 RTM 或先验信息中得出，并且需要额外了解预期的 SST 变化的大小。

4. 混合系数计算。FY-4A SST 算法开发的目标是将回归和反演方法的优点结合到混合算法中。与反演算法的表达式（4-24）类似，混合 SST 估计 T_H 是第一个猜测和增量的总和：

$$T_H = T_{FG} + \Delta T_H \tag{4-27}$$

与反演算法的不同之处在于,混合算法增量 ΔT_H 是根据原位 SST 增量 $\Delta T_{IS} = T_{IS} - T_{FG}$ 和增量回归量矢量 ΔY 之间的回归计算得出的:

$$\Delta T_H = b_0 + b^T \Delta(T_{FG}, x, \theta) \tag{4-28}$$

其中,b_0 为偏移量;b 为混合回归系数的矢量。

考虑到 NLSST 公式中的混合算法,b_0 有三个分量,$b^T = [b_1, b_2, b_3]$,ΔY 由式(4-18)定义。与传统回归相比,ΔT_{IS} 与 ΔT_B 的匹配(而不是 T_{IS} 与 T_B 的匹配计算回归系数)具有两个优点。首先,由于式(4-28)不包括偏差项,与式(4-19)不同,预期 T_H 相较于 T_{FG} 的局部偏差很小。其次,可以以最大化 ΔT_H 和 ΔT_{IS} 之间的相关性的方式选择混合系数 b 的矢量,这提高了 ΔT_{IS} 与 ΔT_B 的拟合精度。

与反演算法相比,混合方法也有两个优点。首先,通过适当选择的系数(见下文),T_H 不偏向于 T_{FG}。其次,如果式(4-25)中的 RTM 雅可比 K 的估计不够准确,则从 BT 和原位 SST 增量的匹配得到的具有系数的式(4-28)可以提供比式(4-26)更准确的 SST 估计。

另一方面,计算混合系数是比计算传统回归系数更复杂的任务。估计混合系数的直接方法是使用最小二乘法估计 b_{LS} 和 b_{0LS}:

$$b_{LS} = S_{\Delta Y \Delta Y}^{-1} S_{\Delta Y \Delta T} \tag{4-29}$$

$$b_{0LS} = <\Delta T_{IS}> - b_{LS}^T <\Delta T> \tag{4-30}$$

其中,$S_{\Delta Y \Delta Y}$ 为匹配数据集上的 ΔT 的协方差矩阵,并且 $S_{\Delta Y \Delta T}$ 是 ΔY 和 ΔT_{IS} 的协方差。

系数 b_{LS} 和 b_{0LS} 使式(4-28)的等号两侧 RMS 误差最小化,并使 ΔT_H 和 ΔT_{IS} 之间的相关性最大化。但是,估计数可能不准确。正如从回归分析所知,最小二乘法保证只有当回归量的值准确时,回归系数才是无偏的。在 ΔY 和 ΔT_{IS} 之间回归的情况下,回归量的变化范围与回归量的误差相比要小得多,并且与传统的回归相比结果具有系数 b_{LS} 和 b_{0LS} 的 SST 估计低估了时间和空间 SST 变化。为了避免这种不良影响,我们通过"膨胀"来修改 b_{LS},以便使 ΔT_H 的方差与回归 SST ΔT_I 的"信息"分量的方差相等。相应的算法如下所述。

1)传统的回归系数 a 计算范围是:式(4-8)和式(4-9)。

2)混合系数的最小二乘法估计的计算范围是:式(4-23)和式(4-24)。

3)ΔT_I 和 ΔT_{HLS} 的方差 D_I 和 D_{HLS} 估算为:

$$D_I = <(a^T(\Delta Y - <\Delta Y>))^2> \tag{4-31}$$

$$D_{HLS} = <(b_{LS}^T(\Delta Y - <\Delta Y>))^2> \tag{4-32}$$

4)最终混合系数估算为:

$$b = (D_I / D_{HLS})^{0.5} b_{LS} \tag{4-33}$$

$$b_0 = <T_{IS}> - b^T <\Delta Y> \tag{4-34}$$

通过构造,用式(4-14)和式(4-15)计算的混合 SST 增量 ΔT_H 的方差等于 D_I,并且 ΔT_H 和 ΔT_{IS} 的相关性与使用最小二乘法系数 Δb_{LS} 和 Δb_{0LS} 的情况相同。

根据反演和混合算法的描述,两种增量算法都存在着对 SST 变化的低估。在混合算法中,通过均衡回归和混合 SST 方差,从匹配数据集估计回归 SST 的方差来解决这一问题,纯反演方法不使用原位匹配,因此,它不允许对检索到的 SST 方差进行调整。

5. 输出融合算法权重因子 $a^T = [a_1, a_2, a_3]$,a_0;$b^T = [b_1, b_2, b_3]$,b_0。

4.2.2.5　融合生成海面温度

1. 输入 OSTIA(CMC)海温预处理数据文件。

2. 输入 FY-4A 三波段亮温（3.9 μm、10.8 μm、12 μm）及相应辅助数据产品文件，并将观测区域网格插值到 5 km×5 km 网格上。

3. 输入融合算法权重因子 $a^T=[a_1,a_2,a_3]$，a_0 和 $b^T=[b_1,b_2,b_3]$，b_0 数据文件。

4. 用 OSTIA(CMC)海温预处理数据赋值给矩阵 T_{FG}，将融合算法权重因子 $a^T=[a_1,a_2,a_3]$，a_0 和 $b^T=[b_1,b_2,b_3]$，b_0 应用于 FY-4A 卫星三波段亮温（3.9 μm、10.8 μm、12 μm）及相应辅助数据，根据上一子模块相关过程计算 ΔT_H。

5. 利用 $T_H=T_{FG}+\Delta T_H$ 计算并存储卫星海面温度估计融合产品数据。

6. 将所得卫星海面温度估计融合产品数据，结合地理信息，形成卫星 SST 估计融合产品图像，并存为 .tiff 或 .jpg 文件。

4.2.2.6 海洋温度廓线数据预处理和 TCHP 生成

海洋热焓是从海面到 26 ℃等温线深度之间，单位时间单位面积下热量的度量，公式为：

$$Q=\rho c_p \int_{\eta'}^{H_{26}} [T(z)-26]\mathrm{d}z \tag{4-35}$$

其中，Q 为上层海洋有效热含量；ρ 为平均海水密度；c_p 为给定压强的比热容；η' 为 MSLA 数据；H_{26} 为 26 ℃等温线所在深度；$T(z)$ 为上层海洋垂向分布的等温线。同时利用 FY-4A 卫星资料的 SST 数据，CMEMS 全球监测和预报中心的卫星高度计数据。

采用中国 ARGO 实时资料中心的 ARGO 温度剖面数据，可以计算得到更准确、真实的 H_{26}，但由于浮标数据是离散的空间点数据，时空分布不连续，并不能直接描述海洋表面温度结构特征，所以我们通过引入两层约化重力模式，模拟得到的 H_{26}。

根据两层约化重力模式，20 ℃等温线深度（H_{20}）可写为：

$$H_{20}=\overline{H_{20}}+\frac{\rho_2}{\rho_2-\rho_1}\eta' \tag{4-36}$$

其中，$\overline{H_{20}}$ 为海表层到气候态 20 ℃之间的等温线深度；ρ_1 为海表面上层海水密度；ρ_2 为海表面到气候态 20 ℃等温线处海水密度；η' 为 MSLA 数据。

假定 H_{20} 和 H_{26} 比率相同，H_{26} 可表示为：

$$H_{26}=\frac{\overline{H_{26}}}{\overline{H_{20}}}H_{20} \tag{4-37}$$

因此，基于气候态 WOA18 海洋温盐数据和 CMEMS 全球监测和预报中心的海面高度异常数据，利用式（4-37）可得 H_{26}。

针对式（4-35），ρ 取 1026 kg/m³，c_p 取 4179 J/(kg·℃)，η' 通过 MSLA 数据获取，通过式（4-37）得出 H_{26}。根据假设，当海表面混合层温度均匀不变，且 H_{26} 不变时，将 ARGO 观测值定为 30 m，此时式（4-35）可简化为：

$$Q=\rho c_p(\mathrm{SST}-26)\times(H_{mld}+\eta')+30\times\mathrm{SST}/2 \tag{4-38}$$

其中，H_{mld} 为混合层深度。

4.3 成果展示

4.3.1 FY-4A 融合海温产品

融合后所得到的海温数据时间范围为 2019 年 1 月 1 日—12 月 31 日，空间覆盖西北太平洋至我国东南部海域,时间分辨率为 1 h,空间分辨率为 0.05°×0.05°。融合海温数据和现场质量监测仪(iQuam)高精度浮标数据进行精度比对和误差分析,平均偏差 -0.16°,标准差 0.44°。融合后的海温不仅在精度上有所提高,也在数据完整性上得到大大的改善。本次研究将该融合海温数据作为 TCHP 的输入数据。图 4.3 为 2019 年 8 月 3 日 10:00(UTC)融合后的 SST。

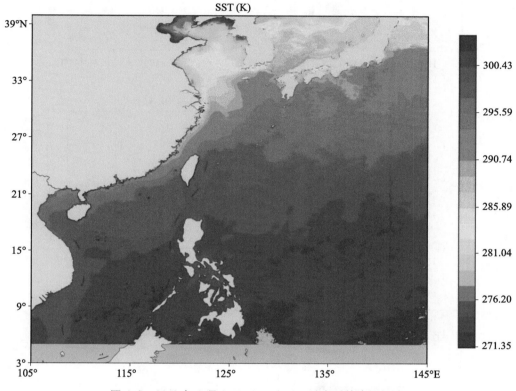

图 4.3　2019 年 8 月 3 日 10:00(UTC)融合后的海面温度

4.3.2　海洋热焓反演结果分析

利用 FY-4A 融合海温数据、海洋表面高度异常数据、WOA18 气候态数据,经过提取气候态温度和盐度、计算 20 ℃和 26 ℃海水密度、提取 26 ℃等温线深度等预处理流程,代入 TCHP 算法模型中,计算得到 2019 年 1—12 月各月 1 日的 01:00(UTC)海洋热焓空间分布图(图 4.4)。反演后的海洋热焓主要分布在我国东南沿海至西北太平洋海域,各月热焓变化明显。1—4 月热焓平均偏低,TCHP 整体偏低,覆盖西北太平洋范围较小。2 月平均热焓最低,海洋上层的热焓也最低。从 5 月开始,TCHP 上升明显,热焓覆盖范围也明显增加,峰值在 8 月、9 月、10 月。8 月的平均热焓最高,海表热焓最高。10 月之后,TCHP 的值便开始下降,11 月和 12 月的 TCHP 下降明显,但仍高于 1 月和 2 月。研究区域整体海洋热焓呈现"低-高-低的走势",西北太平洋全年整体 TCHP 变化明显,展示出季节性变化趋势,1—4 月(冬春季节)海洋热焓偏低,5—12 月(夏秋季节和初冬季节)海洋热焓相对较高,海洋表面热焓储量大。海洋储能越大,所能提供的能量就越多,这为 3.3 节中的台风案例分析提供了理论依据。

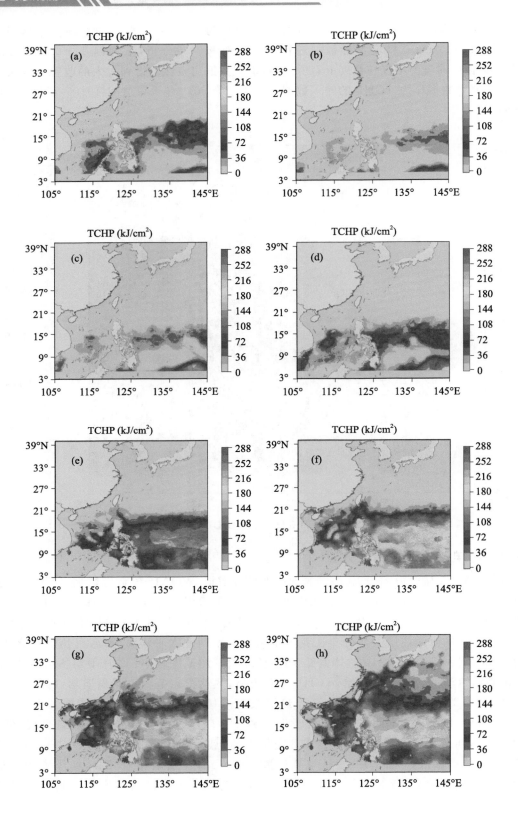

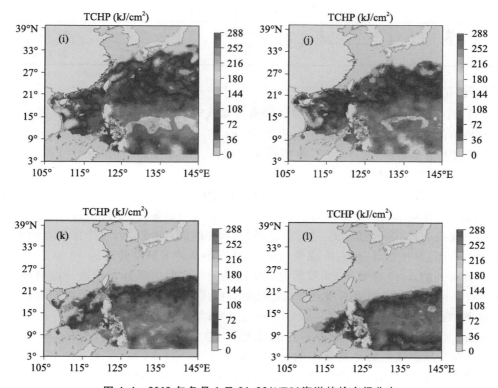

图 4.4　2019 年各月 1 日 01:00(UTC)海洋热焓空间分布

(a)1 月;(b)2 月;(c)3 月;(d)4 月;(e)5 月;(f)6 月;(g)7 月;(h)8 月;

(i)9 月;(j)10 月;(k)11 月;(l)12 月

4.4　验证分析

4.4.1　FY-4A 融合海温产品验证

处理得到融合海面温度产品和 iQuam 高精度浮标数据进行时空匹配,匹配时间窗口 15 min,空间窗口 5 km,质量选优后进行统计分析,生成产品偏差、标准差等误差分析数据(图 4.5)。

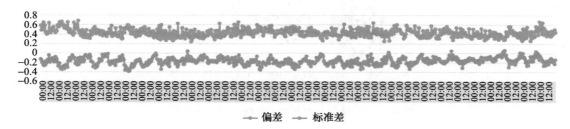

图 4.5　2019 年 10 月融合海面温度误差分析

将 2019 年 10 月处理得到的融合海面温度产品和 iQuam 高精度浮标数据进行精度比对和误差分析,平均偏差−0.16°,标准差 0.44°,如表 4.3 所示。

表 4.3　2019 年 10 月误差统计

检验源	差	标准差	浮标数量(个)
iQuam	− 0. 16	0. 44	52303

4.4.2　海洋热焓验证

　　TCHP 的验证部分是通过证明两层约化重力模式模拟得到的 26 ℃等温线深度,基于反距离权重插值的 H_{26} 与 ARGO 数据空间匹配,根据 26 ℃等温线深度预测数据对比分析 ARGO 浮标的实测数据,评估海洋 26 ℃等温线深度计算上层海洋热焓的可行性,进一步可以验证反演得到的 TCHP 的准确性。

　　验证方法是利用我国海域布设的锚定浮标测量的海面温度信息,筛选海洋表面温度高于 26 ℃的浮标点,将筛选出的浮标点提取温度为 26 ℃的深度数据、经纬度和时间,然后对式(4-37)利用两层约化重力模式反演的 H_{26} 进行时空匹配:根据时间和经纬度,每个浮标点数据匹配出对应的预测数据,并作统计分析,生成平均偏差、均方根误差等精度验证。

　　将计算得到的 2019 年全年 26 ℃等温线深度数据与实时的浮标数据进行时空匹配,得到 77026 组数据预测值与观测值的散点图(图 4.6)。由图可知,77026 组验证数据中,绝大部分的点在实测数据和预测数据的 75～125 m 分散排列;浮标数据的最小值在 5～10 m,最大值 160 m 左右,而预测数据的最小值小于 1 m,最大值与实测数据较为接近,在 160 m 左右。ARGO 实测数据与预测数据的平均偏差为 0.22,均方根误差为 29.39,平均绝对误差为 23.11。通过计算和对比分析 H_{26} 的预测值和实测值发现,偏差值较小,而均方根误差以及平均绝对误差都在合理范围内。由此可以证明,两层约化重力模式模拟得到的深度是可信的。

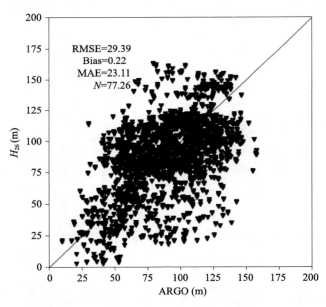

图 4.6　H_{26} 预测数据与实测浮标数据验证结果

　　图 4.7 所示为 H_{26} 的绝对偏差概率分布。从图中可以看出,H_{26} 的绝对偏差概率呈泊松分布,峰值在 0～20 m(数字的阈值为左包含右不包含,下同);当绝对偏差在 20～80 m 时,概率呈梯度下降;当绝对偏差在 80～100 m 时,概率下降平缓;当绝对偏差大于 100 m 时,概率降

到最低。71.46% 的预测数据和浮标实测数据的绝对偏差在 0～30 m,平均绝对偏差为 23.11 m。由此得出,利用式(4-37)评估海洋 26 ℃ 等温线深度计算上层海洋热焓可行。

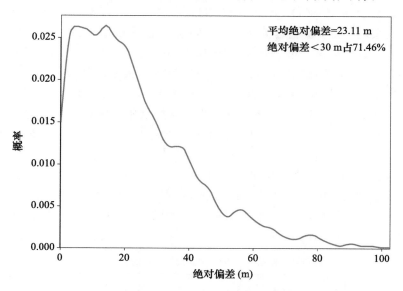

图 4.7　H_{26} 深度绝对偏差概率分布

4.5　典型案例分析

　　本书基于 2019 年西北太平洋全年台风数据共 29 组。2019 年台风数量相较于 1949—2018 年年平均台风数量多 2 个,其中有 6 个在我国沿海地区登陆。夏季有 10 个台风生成,秋季有 16 个台风生成,冬季只有 3 个台风生成。强台风以及超强台风主要集中在 8—10 月,与 2019 年 TCHP 峰值的时间相近。本书所研究的台风过程指从台风生成至台风消亡的过程(不包含台风生成前的热带扰动、热带低压阶段和登陆后的阶段)。2019 年 29 组台风整体强度偏弱,其中最强台风是 1909 号"利奇马",它也是过程最长的台风,长达 264 h,针对"利奇马"的具体统计分析也会在本书的第 5 章和第 6 章展开说明。

　　由于 29 组台风经纬度、发展周期以及强度不同,根据海洋热焓反演结果分析发现,海洋热焓主要集中在 5—12 月。我们在时空匹配 TCHP 后发现,不同时间段台风匹配得到的 TCHP 值不同,而经过图 4.4 分析不难发现,有部分台风所在时间、空间范围内的 TCHP 存在较大的零值与空值,不具备研究价值,所以我们要将 2019 年 29 组台风数据做必要的质量控制。根据实际数据的统计分析,我们做出如下筛选。

　　(1)选定实验区域,确定经纬度范围在我国东南沿海至西北太平洋海域的 105°～150°E,5°～50°N,筛选出在实验数据经纬度范围之内的台风数据。

　　(2)筛选出 5—12 月发生的台风,剔除台风发生过程较短的台风数据组,确保台风发生过程时长大于或等于 1949—2018 年平均台风生命史时常(149 h)。

　　(3)将时空匹配后的台风与 TCHP 数据再做一次筛选,筛选出完整性和连续性较好的台风与 TCHP 数据。

根据上述条件,我们筛选出 10 组符合实验要求的台风数据。这 10 组台风数据分别是:利奇玛(LEKIMA)、海贝思(HAGIBIS)、玲玲(LINGLING)、法茜(FAXAI)、北冕(KAMMURI)、罗莎(KROSA)、范斯高(FRANCISCO)、塔巴(TAPAH)、丹娜丝(DANAS)、百合(NARI)。

根据中国气象局"关于实施热带气旋等级国家标准"(GB/T 19201—2006)的通知,热带气旋按底层中心附近地面最大风速划分,即台风中心附近距离海洋表面约 10 m 高度的最大平均风速,主要划分为六个等级:超强台风底层中心附近最大平均风速≥51.0 m/s(16 级或以上);强台风底层中心附近最大平均风速 41.5～50.9 m/s(14～15 级);台风底层中心附近最大平均风速 32.7～41.4 m/s(12～13 级);强热带风暴底层中心附近最大平均风速 24.5～32.6 m/s(10～11 级);热带风暴底层中心附近最大平均风速 17.2～24.4 m/s(8～9 级);热带低压底层中心附近最大平均风速 10.8～17.1 m/s(6～7 级)。

根据所筛选出的 10 组台风数据,时空匹配各组中台风发生路径所对应的 TCHP。表 4.4 为所选台风的信息和对应的 TCHP 和 H_{26} 数据,分别是 10 组台风最大风速点上所对应的数据,包括:台风名称、台风等级、台风过程时间段、最大风速、最大风速时对应的台风平均移动速度、最大风速时对应的 TCHP 和 H_{26}。

表 4.4 2019 年 10 组台风案例

台风等级	台风名称	台风过程时间段	H_{26} (m)	最大风速 (m/s)	最大风速时平均移速(km/h)	TCHP (kJ/cm²)
超强台风	LEKIMA	2019 年 8 月 3—14 日	84.26	62	22	77.77
	HAGIBIS	2019 年 10 月 5—14 日	107.78	65	26	119.52
	LINGLING	2019 年 8 月 31 日—9 月 11 日	83.70	55	20.5	58.41
强台风	FAXAI	2019 年 9 月 2—11 日	71.71	50	29	44.35
	KAMMURI	2019 年 11 月 25 日—12 月 6 日	82.37	50	21	58.23
	KROSA	2019 年 8 月 5—17 日	71.31	42	5	46.67
台风	FRANCISCO	2019 年 8 月 1—9 日	60.30	38	25	25.57
强热带风暴	TAPAH	2019 年 9 月 17—23 日	65.48	33	26	20.73
热带风暴	DANAS	2019 年 7 月 14—23 日	50.68	23	25	22.14
热带低压	NARI	2019 年 7 月 24—29 日	34.92	18	20	5.82

根据台风等级将这 10 组数据依次分类,其中超强台风选取 3 组,分别为 LEKIMA、HAGIBIS、LINGLING;强台风选取了 3 组,分别为 FAXAI、KAMMURI、KROSA;台风、强热带风暴、热带风暴以及热带低压各 1 组,分别为 FRANCISCO、TAPAH、DANAS、NARI。所选台风最大强度为 HAGIBIS,最大风速为 65 m/s,也是全年中台风强度最大的,起止时间 2019 年 10 月 5—14 日,与 2019 年 TCHP 的峰值期相符。所选台风最小强度为 NARI,最大风速为 18 m/s,起止时间 2019 年 7 月 24—29 日。其中,TCHP 的最大值和 H_{26} 的最大值所对应的台风均为 HAGIBIS,TCHP 的最大值为 119.52 kJ/(cm² · s),H_{26} 的最大值为 107.78 m。所选 10 组台风主要发生在 7—12 月,发生在 7 月的 2 组台风的最大风速最低,对应的台风等级也最低。发生在 8 月、9 月的台风等级相对较高,最大风速也较强,最大风速所对应的

TCHP 值也较大;并且在 8 月发生的台风也相对靠近我国东南沿海,其中台风"利奇马"在我国浙江省温岭市沿海登陆。发生 9 月、10 月、11 月、12 月的台风纬度相对较高,发生位置相对向北移动(图 4.8),但是最大风速以及最大风速对应的 TCHP 并无明显降低的表现。

基于卫星 FY-4A 融合海温数据计算得出的 TCHP 与 H_{26} 结果,采用四次多项式拟合的方法,将 2019 年 10 组台风数据中的最大风速以及所对应匹配出的 TCHP 与 H_{26} 各做一次拟合。图 4.8 为将 10 组数据中各台风最大风速与相对应的时空相匹配的 TCHP 和 H_{26} 的四次多项式拟合曲线,从图中可以清晰地看出,台风强度与 TCHP 和 26 ℃ 等温线之间存在正向关系,即台风过境时海洋 H_{26} 越深,促进台风发展的热量就越高,台风的强度(最大风速)越大;且在台风强度大于 50 m/s 时 TCHP 增长趋势更明显,在强台风和超强台风过境时,TCHP 增加更快,台风强度也随 TCHP 增加更快。表 4.5 给出了 2 组四次多项式拟合结果的拟合系数与均方根误差,其中 TCHP 与风速的四次多项式拟合结果的均方根误差为 19.126,H_{26} 与风速拟合结果的均方根误差为 28.264。拟合结果说明:在台风发展过程中,台风强度与海洋热熔和 H_{26} 具有一定的相关性,并且 TCHP 的均方根误差大于 H_{26},说明 TCHP 与台风强度的拟合效果要优于 H_{26},TCHP 更能准确反映台风强度的发展变化关系。

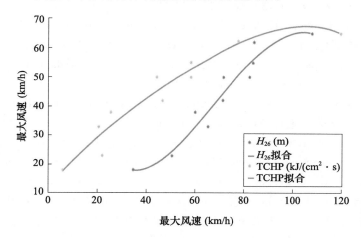

图 4.8　各台风强度与 H_{26}、TCHP 拟合曲线

表 4.5　台风强度与 H_{26}、TCHP 的四次多项式拟合系数和 RMSE

类型	拟合系数					RMSE
TCHP 与风速	-5.052×10^{-7}	1.041×10^{-4}	-0.010	1.044	11.905	19.126
H_{26} 与风速	6.723×10^{-7}	-4.814×10^{-4}	0.079	-3.915	77.334	28.264

参考文献

[1] 吴晓芬,许建平,张启龙,等. 热带西太平洋海域上层海洋热含量的 CSEOF 分析[J].热带海洋学报,2011,30(6):37-38.

[2] Dake C,Xiao T L,Wei W,et al. Upper ocean response and feedback mechanisms to typhoon[J]. Advances in Earth Science,2013,28(10):1077-1086.

［3］ Webster P J,Holland G J,Curry J A,et al. Changes intropical cyclone number,duration,and intensity in a warming environment[J]. Science,2005,309(5742):1844-1846.

［4］ Chen G M,Tang J,Zheng Z H. Error analysis on the forecasts of tropical cyclones over Western North Pacific in 2011[J]. Meteorological Monthly,2012,38(10):80-88.

［5］ Bender M A,Ginis I. Real-case simulations of hurricane-ocean interaction using a high-resolution coupled model:effects on hurricane intensity[J]. Monthly Weather Review,2000,(1):917-946.

［6］ Fisher E L. Hurricanes and the sea surface temperature field[J]. Journal of the Atmospheric Sciences,1958,15(3):328-333.

［7］ Ting Q,Jun C Z,Ding Q W,et al. Variation of climatological sea surface temperature and its effect on local typhoon activities in the South China Sea[J]. Advances in Marine Science,2017,(1):32-39.

［8］ Wang B,Zhou X. Climate variation and prediction of rapid intensification in tropical cyclones in the Western North Pacific[J]. Meteorology and Atmospheric Physics,2008,99(1-2):1-16.

［9］ Wada A,Chan J C L. Relationship between typhoon activity and upper ocean heat content[J]. Geophysical Research Letters,2008,35(17):36-44.

［10］ Lin I I,Wu C C,Emanuel K A,et al. The interaction of supertyphoon Maemi(2003)with a warm ocean eddy[J]. Monthly Weather Review,2005,133(9):2635-2649.

［11］ Wada A,Usui N. Impacts of oceanic preexisting conditions on predictions of typhoon HaiTang in 2005[J]. Advances in Meteorology,2010,2010:1-15.

［12］ Shay L K,Brewster J K. Oceanic heat content variability in the Eastern Pacific Ocean for hurricane intensity forecasting[J]. Monthly Weather Review,2010,138(6):2110-2131.

［13］ Fernando O,Graciela B R. Rapid deepening of tropical cyclones in the Northeastern Tropical Pacific:the relationship with oceanic eddies[J]. Atmósfera,2015,28(1):27-42.

［14］ Xie L,He C,Li M,et al. Response of sea surface temperature to typhoon passages over the upwelling zone east of Hainan Island[J]. Advances in Marine Science,2017,35(1):8-19.

［15］ 郭强,韩琦,冯小虎. 新一代风云四号气象卫星任务规划研究与应用[J]. 电子测量技术,2020,43(23):40-45.

［16］ 咸迪,方翔,贾煦,等. 风云四号气象卫星天气应用平台及其应用[J]. 卫星应用,2020,(2):20-24.

［17］ 唐世浩,毛凌野. "风云"应用50年:跨越发展,服务全球[J]. 卫星应用,2020(11):8-13.

［18］ 杨小欣,吴晓芬,许建平. 热带太平洋海域上层海洋热盐含量研究概述[C]//山东海洋湖沼学会2017年资料汇编,2017.

第5章 海上强降水卫星观测应用技术

5.1 引言

5.1.1 降雨反演算法

目前用于降雨反演的数据主要有:静止气象卫星搭载的可见光/红外辐射计提供的亮温云图以及极轨卫星所搭载的降雨雷达所提供的降雨数据和微波辐射计提供的亮温云图。降雨反演算法根据使用的不同卫星数据,大致可以分为三类:静止卫星降雨反演算法、微波降雨反演算法和多传感器联合反演算法。各类传感器所使用的降雨反演算法如表 5.1 所示。

表 5.1　各类传感器所使用的降雨反演算法

传感器类型	算法名称
可见光/红外	GPI,AGPI,GMSRA,AE,SCaMPR
被动微波	WILHEIT algorithm, FERRARO algorithm,CPROF algorithm
主动雷达	PR algorithm
多传感器联合	CMORPH,TMPA

来自静止卫星的红外和可见光传感器可以连续覆盖特定的关注区域,同时能够获取高时间分辨率的云顶亮温图像,云顶红外(IR)亮温与降雨之间存在的物理联系可用于降雨反演[1]。由于静止卫星的高时间分辨率对分析降雨信息有很大的吸引力,很多技术利用微波(MW)数据消除红外降雨估计中的系统误差[2],同时保持红外观测的高采样频率(15~30 min/次)[3]。这些方法可分为以下几类:地球静止业务环境卫星降雨指数的调整、基于误差特征的空间要素组合以及回归技术的可能性匹配方法。GPI 使用最为广泛且简单易懂[4],但同样也有着很大的缺陷。针对 GPI 指数,发展了很多调整方法[5-8]。

(1)通过 SSM/I 的降雨估计值对其进行调整(AGPI),使用微波降雨率估计值来校准 GPI 的两个参数,通过校准 GPI 参数,以尽量减少总误差,使用基于微波的估算来设置降雨区域的亮温阈值等。

(2)组合技术:将 AGPI 估计值与微波估计值、雨量计的数据相结合,使用各自的误差估计值确定其最佳权重。

（3）回归技术的可能性匹配方法：首先确定 SSM/I 降雨率和通道为 $10.7~\mu m$ 亮温（以下称为 $T_{10.7}$）值的累积分布函数（CDF），然后根据结果关系确定方程。

（4）多元线性回归：将基于 SSM/I 的降雨率估计值与 SSM/I 像素内所有 GOES 像素的 $T_{10.7}$ 值关联。为了提高该技术处理亮温图像与降雨率非线性关系的能力，将数据分解为不同的红外温度区间，并分别建立了相应的方程。

GOES 多光谱降雨算法在 GPI 算法的基础之上进行了改进。该算法使用 GOES 卫星的 $0.65~\mu m$、$3.9~\mu m$、$6.7~\mu m$、$11~\mu m$ 和 $12~\mu m$ 五个通道的数据来筛选非雨云像素[9]；使用卷云云顶温度的空间梯度和根据白天 $3.9~\mu m$ 处所测量云顶粒子的有效半径屏蔽非雨云；夜间筛选 230 K 以下的云层，白天筛选可见反射率大于 0.40 的云层，并以雨滴有效半径为 $15~\mu m$ 的阈值作为雨云的低边界。

GPI，运用微波数据对 GPI 参数调整的 AGPI 算法，以及下文介绍的 GOES 多光谱降雨算法和自动估计算法，都是基于红外传感器观测数据的基础算法。除此之外，还有 PERSIANN 系统，该算法将像素点的雨量与附近网格点的亮温像素建立关联，不仅考虑亮温像素与降雨的直接关系，还考虑了周围亮温像素的影响。

基于红外传感器观测数据的降雨反演算法，目前使用最广泛的是自校准预测器。SCaMPR 主要使用两种算法：GOES 多光谱降雨算法和自动估计算法[10,11]。SCaMPR 算法的初始校准和测试使用了 SSM/I 仪器的降雨数据。SCaMPR 算法中，使用 GMSRA 算法判别有雨无雨像素，使用 AE 算法中有关红外传感器亮温数据与降雨率之间的经验推导关系来计算降雨率。该算法的发展，主要是依据一个重要事实：红外图像中冷顶的云比暖顶的云带来更多的降雨且云顶亮温和降雨率之间存在幂律关系[12,13]。基于这种幂律关系，AE 算法利用雷达瞬时雨量估算值和卫星云顶红外亮温测量值之间的幂律拟合来初始化降雨率，雷达反射率和降雨率转换基于 Miami Z-R 关系[14]：$Z = 300R^{1.4}$。降雨率回归曲线很有吸引力，但由于与降雨产生相关物理过程的多样性，其应用非常有限。云顶温度与地表降雨率的关系因暴雨类型、季节、地点等多种因素影响而变化，使用单一回归曲线显然是不合理的，后续提出了湿度校正因子[15]。

因为云顶亮温与降雨的物理关系，很多方法通过微波数据对基于静止卫星可见光/红外的反演算法进行了校准，校准后的雨量测量精度有所提高，但仍有不足。用于校准的微波估计值不太适用于强降雨，导致校正后的算法会高估降雨面积并且低估雨量，但可以提供比较精准的降雨率变化信息。目前可见光/红外降雨反演算法已经广泛应用于很多领域，很多学者利用机器学习中的模型对这一算法进行不断改进[16,17]。

极轨卫星 GPM 上工作的双频降雨雷达，根据雷达反射率与降雨率的关系反演降雨，在探测弱降雨方面存在一定的缺陷[18]，但可以精准探测到降雨的三维结构，对了解降雨系统发挥了很大作用[19]，经常被用作基于红外和微波降雨反演算法的校准和验证数据。

相比于降雨雷达的主动测量，微波辐射计主要进行被动测量，提供快速变化的降雨采样频率。例如：针对雨量变化剧烈、变化频繁的降雨系统进行精确监测。微波探测技术的强穿透性可以穿过云层观测到来自地表的辐射信息，微波传感器得出的雨量估计值同样会用作降雨反演算法的验证数据。例如：GPM 卫星的 PMW 降雨估计值，主要使用 CPROF 预测算法。NOAA 卫星上搭载的先进微波探测器，能够做到对大气中物理信息的垂直探测，该传感器的降雨反演算法主要理论基础是微波辐射传输方程，采用线性统计回归的方法探测总雨量。表 5.2 介绍了基于微波成像仪的三类反演算法所使用的波段以及适用区域。

表 5.2　被动微波降雨反演算法及其优缺点

算法名称	使用波段	适用区域
WILHEIT algorithm	低频波段	辐射信号较小的海洋
FERRARO algorithm	高频波段	辐射信号大且变化多的陆地
GPROF	多波段	同时反演陆地和海洋辐射向量

　　每个算法都有各自的适用性,不同的区域和不同传感器适用不同算法。针对微波穿透性强,能够针对变化剧烈、频繁的降雨进行精确监测的特点,有很多科学家建立了被动微波亮温(TB)与实际降雨率的回归关系,这一关系目前被广泛应用于海上降雨以及极端降雨(台风降雨)的反演。我国学者基于 FY-3C 微波探测仪的数据提出台风降雨的反演算法:多元线性回归、神经网络等。多元线性回归类似于一直沿用的降雨反演算法,这类算法都是基于亮温与降雨率之间的统计关系,但是针对降雨在不同区域以及环境下的诸多不确定因素,亮温与降雨并不完全是线性关系,同样存在非高斯性。针对这种复杂的关系,诸多学者通过建立神经网络模型来分析这种非线性的关系。目前多元线性回归和神经网络这两种算法精确的台风降雨反演数据能帮助我们更清晰地判断台风降雨的特征分布。

　　由于单一传感器测量的局限性,各国学者开始研究卫星集成降雨产品的算法,通过结合不同降雨产品和雨量站测量值,提供更精确的降雨数据。目前较为成熟的卫星集成降雨产品主要有:CMORPH 降雨产品、TMPA 降雨产品、NRL-Blended 降雨产品、NESDIS 降雨产品和PERSIANN 等,很多科学家也针对这些产品在不同条件下作出了评估。具有代表性且精确度最高的包括以下两类。

　　TRMM 多卫星降雨分析算法,它利用校正后的微波降雨与红外观测的数据,得出基于红外亮温的降雨反演系数。GPM 在 TRMM 的基础上完成了更新换代,降雨雷达和微波成像仪都提升了降雨观测能力。多卫星降水联合反演(IMERG)作为 GPM 的三级产品,反演基础仍是 TMPA 算法,通过对微波降雨反演数据、红外降雨反演数据和地面实测降雨数据以及其他可能的数据融合、插值,获得更精确的降雨观测数据。IMERG 产品包括两种可应用于极端天气(洪水、强降雨)预报的实时产品及一种通过地面观测进行校正后具有更高精度的延时产品。IMERG 产品可以做到 30 min 更新一次,空间分辨率达到 0.1°,基本覆盖全球表面区域,是目前最精确的降雨反演产品。但是只能提供 GPM 运行以来的数据,对长时间序列的降雨分析不能提供太大帮助,同样,在地面观测站稀少的地区,产品的反演能力还有待提高。

　　气候预测中心的 CMORPH 技术,该技术将红外数据和微波降雨数据进行融合处理。红外数据能够观测到时间分辨率较高的云移动矢量信息,将这些信息对微波降雨进行外推插值,所得到覆盖全球的降雨产品,时间分辨率仅有 30 min,空间分辨率达 8 km。CMORPH 降雨产品主要基于微波降雨数据,在微波降雨数据缺少时精度会有明显下降,基于卡尔曼滤波(KF)对 CMORPH 算法进行了改进,改进后的算法提高红外反演降雨数据在算法中所占比重,制作了逐小时/0.1°时空分辨率的全球降雨图(GSMaP)。CMORPH 方法的缺点是:当被动微波仪器在立交桥之间的区域,降雨形成和消散时,无法检测到降雨。在配备更多被动微波数据时,CMORPH 算法将得到很大的提升。CMORPH 的优点是:可以结合任何算法、基于任何仪器的降雨信息,这表明 CMORPH 算法有很大的提升空间。

这些高分辨率的卫星降雨资料虽时间序列短,但是对短时间内的强降雨以及极端降雨的研究提供了精确的数据。卫星遥感的探测具有高时空分辨率,尤其是海洋、山区等缺乏地面观测数据的特殊地区,也可以获取降雨数据。但反演精度相比地面观测降雨略有不足,需要不断地研究和改进卫星反演、降雨反演算法。

5.1.2　影响降雨反演算法误差的因素

随着星载传感器降雨产品和降雨反演算法的广泛使用,降雨产品和降雨算法的精度要求越来越高。国内外学者对不同的卫星降雨产品和算法进行评估,以求量化造成降雨反演数据的偏差,进一步提高算法的性能,获得更精确的降雨数据。

针对降雨雷达反演算法的评估表示,雷达的测量结果受到诸多因素的干扰,降雨雷达用于反演降雨的 Z-I 算法的不稳定性以及风场都会造成雷达降雨反演的随机误差。降雨雷达在雨量不同时,具有不同的反演精度。此外,与雷达不同距离的降雨率相对误差同样有很大的波动。针对雷达的选址不同、受地物杂波的影响不同等诸多造成定量降雨反演误差的因素,我国学者提出基于最优插值法对降雨估计进行订正。通常降雨雷达在一定的雨量观测范围内和时间观测范围内会表现出相对较高的精度,这是雷达本身性能所致。针对造成降雨雷达反演精度偏差的因素,一些专家提出了改进的方法。

降雨雷达的测量精度存在诸多因素干扰,星载传感器的降雨数据精度同样有待提高。CMORPH 降雨产品在坡度变化较大、植被覆盖率不同的时候降雨观测数据会受到干扰,在高海拔地区,对固态降雨探测的灵敏度会大打折扣。除了下垫面和海拔的影响,季节及区域同样会对星载传感器的降雨数据造成干扰:IMERG 降雨产品在中国西北部地区误差较大,在冬季表现较差且普遍存在降雨高估问题;TRMM 多源卫星降雨产品在我国淮河流域夏季性能明显优于冬季,但同样存在高估问题,在北非的评估表明,在低空流域数据的系统偏差较低,短时间的大雨会造成降雨的观测不足,同样,低雨量期间也会存在高估问题;GPM 作为接替 TRMM 的新一代全球卫星降雨观测计划,其降雨产品在夏季同样表现出了较高的降雨反演精度,同时在复杂地形和高海拔地区表现不佳,对微量降雨、固态降雨和极端降雨的观测还需进一步完善。除地域和季节因素之外,降雨类型和降雨周期也是造成降雨反演算法误差的因素:雨量大小和降雨周期对算法的影响是具有随机性的,通常在一定的时间范围和雨量范围内表现最佳。除了卫星的本身算法,在利用卫星红外图像反演降雨时,可见光资料由于太阳高度角的日变化,降雨反演结果同样存在差异。专家在评估算法之后也提出了诸多的订正方法。

5.1.3　主要研究内容

我国的沿海城市是人口高密集和经济最发达地区,同时位于西北太平洋的西岸,形成的诸多海湾和港口,极大地拉动了城市的发展、国家的对外交流与贸易。西北太平洋的地理位置及气候特征导致热带气旋多发,此区域每年生成的台风以及台风所伴随的强降雨对我国沿海地区带来巨大的经济损失。台风降雨的监测和预报能有效降低和防范灾害带来的损失,目前有不少算法可以做到对台风降雨的反演,但仍不能满足台风降雨监测和预报的要求。因此,迫切需要在现有降雨反演算法基础上,发展高精度的台风降雨反演技术,并针对降雨反演算法进行评估,分析造成算法误差的成因,以达到进一步提高台风降雨反演算法精度的目的。根据国内外基于静止卫星传感器进行降雨反演的研究现状和问题,以及影响降雨反演误差的研究现状和问题,主要研究目标包括以下几个方面。

（1）研究现有基于静止卫星传感器观测数据进行降雨反演的基础理论

目前使用静止卫星传感器观测数据进行降雨反演的理论，主要是基于静止卫星传感器所观测的红外亮温云图进行降雨反演，具有代表性且精度较高的是 NOAA 使用 GOES-16 静止卫星观测的亮温数据，开发的定量降雨估计（QPE）。该算法建立了亮温云图与降雨发生率以及降雨率之间的统计关系，对反演降雨系数和降雨率校正系数实时更新，使得算法中的反演系数和校正系数更适用于当前的降雨环境，从而达到提高降雨反演精度的目的。此算法主要进行大范围的降雨反演，所得到的反演系数及校正系数并不完全适用于小范围且变化剧烈的台风降雨。该算法在雨量较高时，反演结果会表现出强烈的干偏差。需要在此算法的基础上进行改进，提高算法对台风降雨的反演能力。

（2）对现有算法进行改进，提高算法反演台风降雨的精度

台风降雨具有时间周期短、降雨变化大的特点。静止卫星传感器的高时空分辨率，可以对目标区域做到连续的观测，这一特性满足对台风降雨的监测需求。GOES-16 降雨反演算法使用静止卫星观测的亮温云图进行海上降雨的反演，可以获得精确度较高的降雨数据。但此算法针对台风降雨的反演精度有待提高，需要对此算法中预测值和参数做出改进。改进后的算法使用我国 FY-4A 静止卫星传感器观测的亮温云图，对台风区域的降雨进行高精度反演。

（3）分析造成降雨反演误差的成因

算法得到改进之后，需要对算法所反演的台风降雨数据进行评估，分析造成误差的成因。台风降雨普遍时间周期短、降雨范围相对较小，专家针对其他降雨产品的评估结果：季节性、区域性（海洋或陆地）、下垫面、海拔等造成降雨反演误差的因素，并不适用于评估本书的台风降雨反演算法。台风降雨反演算法的评估，需要对台风过程的反演降雨数据进行分析，寻找造成误差的主要因素，才能进一步提高算法的精度。

5.2　资料数据

气象卫星是应用于气象观测的卫星，其搭载的传感器可获取地表观测物的物理参数、大气观测物的物理参数、大气组成成分及其垂直分布参数，根据观测信息生成的相关产品可应用于气象科学工程。

目前极轨气象卫星所搭载微波成像仪和降雨雷达可以直接观测到降雨数据，降雨数据的精度可满足于降雨反演算法的校准和验证，静止卫星所搭载的可见光/红外传感器观测的亮温数据可用于降雨的反演。本节将对极轨气象卫星传感器及其降雨产品和静止卫星传感器及其观测数据进行介绍，为第 3 章的降雨反演算法奠定数据基础。

5.2.1　可见光/红外传感器

红外线是一种波长在 $0.76 \sim 100\ \mu m$ 的电磁波，这个波段的电磁波具有较强的穿透力。红外探测器能够达到穿透云雾探测物体发出红外线的目的，经过技术处理后的探测数据能够显示出被测物体的形状和特征。静止卫星红外探测器的对地探测数据，常用于预报恶劣的天气状况，如 FY-4A 静止卫星多通道扫描成像辐射计的红外探测器。

静止卫星又称为地球同步轨道卫星，运行于赤道上方，同步于地球自转。风云系列静止卫星 FY-2A 和 FY-2B 的红外传感器能够获取到由地面物质、大气中的固态或液态物质反射到

外太空的能量,提供快速更新的红外图像被其他国家分享,为全球的防灾减灾作出了贡献。红外探测器只能探测到其波长内的红外光子,静止卫星的不断发展主要是通过增加通道数,满足不同的探测需求。FY-4A 卫星的多通道扫描成像仪通道数从原有的 5 个增加到 14 个,时间分辨率提高到 15 min,分辨率提高的同时,近红外信噪比和数据量化等级同样有所提升。

静止卫星传感器探测到成像的过程如下。静止卫星红外传感器的扫描仪器通过结合光学系统以及线列阵探测仪器来获取红外遥感数据。主光学系统的作用是将地球的辐射信息通过中继光学系统划分为不同的波段:可见光、近红外和红外,不同的波段和波长用于不同的探测用途。探测通道将所接收到的地面辐射继而转成放大的电信号,实现信号转变的主要关键元件之一是红外碲镉汞探测器。电信号经 A/D 转换后缓存,缓存的信号需要进行背景抑制、噪声抑制、图像校准及处理等一系列操作,最终传到地面的是经过处理和编码之后的数据。

目前在轨运行的静止卫星均可以实现空间分辨率超过 2 km,时间分辨率达到 3～30 min。表 5.3 介绍了各国静止卫星的发展历程。

表 5.3 静止卫星的发展历程

卫星名称	发射时间	发射地区
FY-2A	1997 年 6 月	中国
FY-4A	2016 年 12 月	
GOMS-1	1994 年 11 月	俄罗斯
Electro-L. N1	2011 年 1 月	
Electro-L. N2	2015 年 11 月	
GOES-1	1975 年 10 月	美国
GOES-8	1994 年 4 月	
GOES-16(GOES-R)	2016 年 11 月	
METEOSAT-1	1977 年 11 月	欧洲
MSG(Metesat Second Generation)-1	2002 年 1 月	
MTG	2018 年 12 月	
GMS	1977 年 7 月	日本
MTSAT	2006 年 2 月	
Himawari-8	2014 年 10 月	
INSAT-1A	1982 年 4 月	印度
INSTA-2E	1999 年 4 月	
INSAT-3DR	2016 年 9 月	
GEO KOMPSAT	2010 年 6 月	韩国
GEO KOMPSAT-2A＆2B	2018 年 12 月	

进入 2015 年之后,最新的第三代静止卫星取代了旧的卫星,新一代的静止卫星传感器通道数普遍在 16 个以上,且扫描能力更强。表 5.4 介绍了我国的卫星 FY-4A 和美国 GOES-16 新一代静止卫星的可见光/红外传感器波长及通道数等基本信息。

表 5.4　地球同步卫星所搭载红外传感器

卫星名称	传感器名称	中心波长(μm)； (空间分辨率(km))	通道数 (个)	时间分辨率 (min)
GOES-16	高级基线成像仪	0.47(1);0.64(0.5); 0.86(1.1);1.37(2.0); 1.6(1.0);2.2(2.0); 3.9(2.0);6.2(2.0); 6.9(2.0);7.3(2.0); 8.4(2.0);9.6(2.0); 10.3(2.0);11.2(2.0); 12.3(2.0);13.3(2.0)	16(2 个可见光通道、4个近红外通道和 10 个红外通道)	15
FY-4A	多通道扫描成像辐射计	0.47(1.0);0.65(0.5); 0.825(1.0);1.375(2.0); 1.61(2.0);2.25(2.0); 3.75H(2.0);3.75L(4.0); 6.25(4.0);7.1(4.0); 8.5(4.0);10.7(4.0); 12.0(4.0);13.5(4.0)	14(6 个可见光/近红外波段、2 个中波红外波段、2 个水汽波段和 4 个长波红外波段)	15

　　美国 GOES-16 系列卫星上搭载的高级基线成像仪(ABI)提供 16 个可见光/红外通道,这些通道将更全面地监测大气状况,如气溶胶浓度、卷云位置和云特性。图像更新频率为 5 min,并且能够在午夜前后继续运行,提供连续和及时的天气监测。ABI 每 30 s 可以重新访问指定位置的 1000 km 区域,针对恶劣天气,具有很强的监控能力。

　　我国 FY-4A 静止卫星于 2016 年 12 月发射,投入使用之后状态稳定,一直沿用至今。图 5.1 为 FY-4A 卫星图。图 5.2 为 FY-4A 卫星所搭载的多通道扫描成像辐射计,辐射计共有 14 个探测通道,可以做到连续覆盖特定的关注区域,同时可以获得关注区域云顶的亮温图像,如图 5.3 所示,极大地满足了对台风区域降雨云团连续观测的需求。

图 5.1　FY-4A 卫星图(图片来自:国家气象卫星中心)

图5.2　FY-4A卫星搭载的多通道扫描成像辐射计(图片来自:国家气象卫星中心)

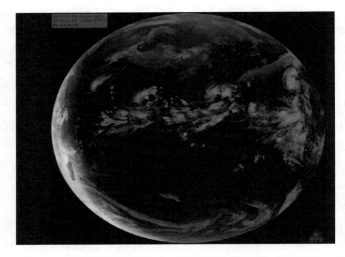

图5.3　FY-4A卫星全圆盘实时云图(图片来自:国家气象卫星中心)

　　静止卫星观测的红外亮温图像,可用于降雨估计和监测,它提供了对云系的连续观测,根据云顶亮温数据对给定高度的雨云进行识别优化。GOES-16和FY-4A可用于降雨反演的通道如表5.5所示。FY-4A卫星用于降雨反演的各通道亮温图如图5.4所示。

表5.5　GOES-16和FY-4A用于降雨反演的通道

FY-4A频道	波长(μm)	分辨率(km)
9(8)	6.25(6.19)	4(2)
10(10)	7.1(7.34)	4(2)
11(11)	8.5(8.5)	4(2)
12(14)	10.7(11.2)	4(2)
13(15)	12(12.3)	4(2)

注:括号内为GOES-16数据。

　　目前地球同步轨道卫星不断突破时间、空间和光谱分辨率等技术,以满足实时性、高时空域和宽谱段的观测要求。静止卫星成像系统提供了快速的时间更新周期,能够捕捉几千米范围内降雨云系统的增长和衰变。在谱段方面从可见光发展到红外技术,通道数也在逐步增加,为降雨的反演提供更加精确的亮温图像。

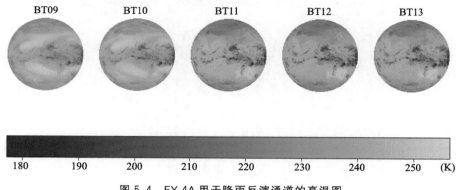

图 5.4　FY-4A 用于降雨反演通道的亮温图

5.2.2　微波传感器

微波传感器主要使用降雨雷达和微波成像仪进行降雨监测。微波成像仪在估算总雨量时具有更高的精确度,降雨雷达则能更准确地获取实时降雨率;微波成像仪比降雨雷达扫描带宽更宽,可以获得更大区域的降雨信息。表 5.6 对比了我国 FY-3C 和 GPM 的基本信息,图 5.5 为 FY-3C 卫星图,图 5.6 为 GPM 卫星图。

表 5.6　FY-3C 和 GPM 配置对比

卫星名称	FY-3C	GPM
轨道信息	近极地太阳同步轨道,轨道运行高度 830 km,倾角 98.75°	运行高度为 407 km,轨道为圆形,非太阳同步,倾角 65°,运行速率为 7 km/s,轨道周期为 93 min
分辨率(km)	15~85(地面分辨率)	5.2
扫描范围	±55.4°	全球 90% 地区

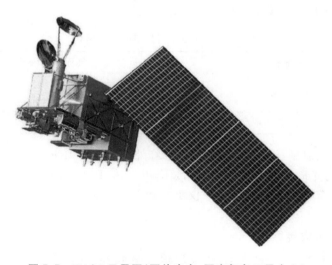

图 5.5　FY-3C 卫星图(图片来自:国家气象卫星中心)

81

图 5.6　GPM 卫星图 (图片来自 : https://gpm.nasa.gov/)

　　卫星观测幅宽与轨道高度有着直接的关系。当卫星轨道高度越高时,观测范围越广。GPM 卫星基本可以覆盖全球大部分地区;FY-3C 卫星相较于 GPM,针对小范围的强降雨测量效果更佳;FY-3C 通过分析台风降雨内部三维物理结构,可对台风灾害进行预报和评估。

5.2.2.1　主动微波传感器

　　极轨卫星降雨探测起始于 1997 年的热带降雨测量计划。TRMM 卫星上探测降雨的仪器主要是降雨雷达、微波成像仪和可见光/红外辐射计系统(VIRS)。TRMM 卫星的降雨雷达提供了高空间分辨率的雨量测量方法,微波成像仪收集 10.7 GHz、19.4 GHz、21.3 GHz、37.0 GHz 和 85.5 GHz 的被动辐射信息,条带宽度为 758.8 km。微波成像仪和可见/红外扫描仪对改进瞬时降雨率反演提供了很大的帮助。TRMM 卫星退役后,又提出了全球降雨测量计划(GPM),对降雨的预报和降雨结构分析提供了精准的降雨数据,所搭载的双频雷达在整个任务中实现了高灵敏度、高精度和高分辨率的降雨测量。我国第一颗气象卫星 FY-1 于 20 世纪 80 年代投入使用。目前已经发展到 FY-3E 卫星,为预报和监测提供了精确的降雨信息。极轨卫星主要通过主动微波传感器和被动微波传感器探测降雨,表 5.7 列出了目前在轨运行的 GPM 和 FY-3C 极轨卫星搭载的主动微波传感器。

表 5.7　极轨卫星所搭载的降雨雷达

卫星名称	搭载微波传感器	波段	地面刈幅(km)	距离分辨率(m)
GPM	双频降雨雷达	Ku、Ka 双波段	245(Ku) 115(Ka)	250
FY-3C	双频降雨雷达	Ku、Ka 双波段	303	250

　　我国 FY-3C 极轨卫星,设计装载的可见光/红外辐射计(VIRR)有 10 个通道,覆盖从可见光到热红外(TIR)的光谱范围。其装载的双频降雨雷达(PMR),能够观测到强降雨的三维滴谱特性,反演得到的降雨率相比微波成像仪更准确。不仅如此,其还可以检测到降雨类型及高度等降雨信息。

5.2.2.2　被动微波传感器

　　被动微波传感器与降雨雷达配合,能够更精确地完成降雨探测,同时能够生成长时间序列的降雨空间分布情况。表 5.8 列出了目前在轨运行的 GPM 和 FY-3C 极轨卫星搭载的被动微波传感器,并对两种传感器的降雨探测能力作了对比。FY-3C 卫星微波成像仪 52.0 GHz 和 118.0 GHz 附近的探测通道,能更好地探测到陆地位置弱降雨;FY-3C 卫星微波成像仪的低频 10.6 GHz 探测通道,能更好地探测到陆地强降雨。对比分析表明,FY-3C 卫星微波成像仪相比其他极轨卫星的微波成像仪具有更好的降雨探测能力。极轨气象卫星所观测降雨数据经常被用作降雨反演算法的校准和验证数据。

表 5.8　极轨卫星所搭载的被动微波传感器

卫星名称	传感器名称	频率(GHz)	探测能力
GPM	GMI	10.65 V&H;18.7 V&H;23.0 V;37.0 V&H;89.0 V&H;164.0 V;165.0 H;183.31±3 V;183.31±7 V	164.0 GHz 及以上高频通道可探测固态降雨,无探测弱降雨的氧气吸收通道
FY-3C	MWRI	10.65 V&H;18.0 V&H;23.8 V;31.4 V&H;52.6 V&H;89.0 V&H;118.7 V;166.0 V;183.31±4.9 V;183.31±7 V	氧气吸收通道可探测陆地弱降雨,150 GHz 以上高频通道可探测固态降雨

注:V 表示垂直极化,H 表示水平极化。

IMERG 降雨产品作为 GPM 卫星的三级产品,可以做到 30 min 更新一次,空间分辨率达到 0.1°,基本覆盖全球表面区域,是目前最精确的降雨反演产品。GPM 卫星的 IMERG 降雨产品如图 5.7 所示。

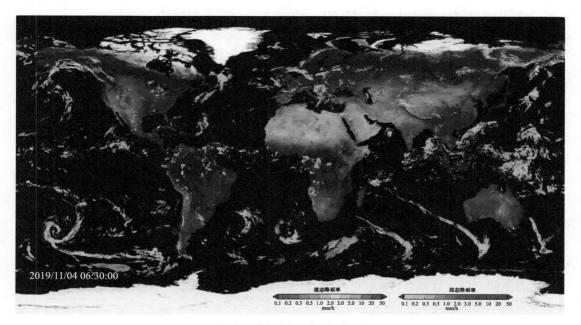

图 5.7　多卫星降水联合反演降雨产品

IMERG 降雨产品通过融合插值微波降雨数据、红外降雨数据、地面观测降雨数据以及其他诸多卫星降雨数据后获得,处理过程主要包括以下步骤:

(1)通过 CMORPH 算法计算降雨云移动的矢量场;

(2)微波数据进行预处理后与降雨数据进行回归,反演得到微波降雨产品;

(3)将计算的降雨云移动矢量与微波反演降雨率在时间上进行插值,插值方法使用拉格朗日插值算法；

（4）生成经过插值后的微波与静止卫星红外数据的融合数据，融合方法使用卡尔曼滤波算法。

IMERG 提供了不同精度和不同延时的三种降雨产品，包括两种近实时的降雨产品 Early、Late 和一种延时产品 Final。Final 通过地面观测站校准之后上传降雨数据，其精度更接近于实际降雨数据。Early 和 Late 降雨产品精度稍差，但具有较高的实时性。IMERG 降雨产品的评估表示，IMERG 降雨数据的精度相较于 TRMM 降雨产品得到显著提高，接近于实际降雨数据。

5.3 台风降雨反演算法技术研究与改进

降雨反演算法主要的研究内容是使用静止卫星红外传感器所观测的云顶亮温图进行降雨反演，极轨卫星的微波成像仪相较于静止卫星的红外/可见光传感器能获得更为准确的亮温数据，但极轨卫星的扫描方式是幅带扫描，GPM 卫星的地面刈幅为 245 km，FY-3C 卫星的刈幅为 303 km，这种扫描方式极大地限制了对台风区域的连续观测。目前极轨卫星的降雨产品评估效果与地面降雨观测站观测效果无太大差别，所获得的降雨数据精度较高，基本可以代替地面观测站。我国 FY-4A 静止卫星的多通道扫描成像辐射计 15 min 可以获得一幅全圆盘或是中国区域的云顶图像，可以做到短时间内对台风区域的连续观测。本节通过改进卫星 GOES-16 的 QPE 算法，利用 FY-4A 静止卫星的多通道扫描成像辐射计所观测的云顶亮温图像进行降雨反演，用全球降雨观测计划的 IMERG 降雨产品进行验证和校准。

5.3.1 降雨反演算法流程

降雨率的反演需要两个步骤：首先确定有雨的像素，其次对有雨的像素进行降雨反演。本书使用 FY-4A 静止卫星的红外亮温反演降雨的基本原理是利用亮温信息（如高度、厚度、相位、粒径）中固有的云顶特性信息来推断降雨的发生率和速率。该算法采用判别分析法确定有无降雨的最佳预测值和预测系数，降雨率的计算采用逐步正线性回归，算法流程如图 5.8 所示。

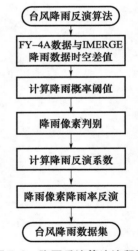

图 5.8　降雨反演算法流程图

5.3.1.1 数据匹配

由于 FY-4A 卫星亮温数据与 IMERG 降雨产品的时空分辨率均不同，需要将 FY-4A 卫星亮温数据与 IMERG 降雨产品进行时空插值，统一时间和空间的分辨率，插值后的时间分辨率为 30 min，空间分辨率为 4 km。

根据不同的纬度区域（60°S～60°N，每 30°划分一个区域）和带来降雨的不同云类型（雨云（water cloud）、冰云（ice cloud）、冷顶对流云（cold-top convective cloud）），降雨被分为 12 类：

$$\text{Type 1(water cloud)}: T_{7.1} < T_{10.7} \text{ 和 } T_{8.5} - T_{10.7} < -0.3$$
$$\text{Type 2(ice cloud)}: T_{7.1} < T_{10.7} \text{ 和 } T_{8.5} - T_{10.7} \geqslant -0.3 \tag{5-1}$$
$$\text{Type 3(cold-top convective cloud)}: T_{7.1} \geqslant T_{10.7}$$

其中，下标表示亮温 T 的波长，例如，$T_{10.7}$ 表示通道为 10.7 μm 的亮温值。

算法针对不同条件下的降雨进行具体类别划分，每一类对应着不同匹配的 IMERG 降雨产品和 FY-4A 卫星数据。

针对西北太平洋的台风降雨反演,使用固定时间段反演降雨不能满足不同的降雨情况,例如长时间的小雨所计算的反演系数并不适用于强降雨的反演,本算法使用滚动数据集,当新的静止卫星亮温数据满足反演的像素点要求时,将对反演系数进行更新。台风降雨的主要降雨类型为对流降雨,应提高原 QPE 算法中 3 型云(对流云)像素数的最低要求,使得算法反演的系数更适用于台风降雨的反演。经过大量实验,调整 3 型云像素数为 2000 时的降雨反演结果最佳。改进后的降雨反演算法杜绝了雨量变化大以及降雨周期长对算法的影响。

5.3.1.2　降水区域检测

对于 12 个算法类的每一类,使用表 5.9 中的预测值进行判别分析,选择能够产生最佳 Heidke 技术得分(HSS)的预测值或两个预测值的组合,用于有雨/无雨辨别。判别分析中的多重线性回归用来校准每一个算法类的有雨/无雨判定。组合预测值的多元回归模型:

$$Y_c = a_{b,0} + a_{b,1} x_{b,1} + a_{b,2} x_{b,2} + \delta_b \tag{5-2}$$

其中,Y 为 IMERG 降雨产品降雨/无降雨值;x 为两个选定的预测值;a 为校准系数;b 为算法类;δ 为残余误差。

通过求解系数 a_0、a_1 和 a_2 的方程组,可将 δ 最小化:

$$\sum_{i=1}^{n_b} y_{b,i} = a_{b,0} n_b + a_{b,1} \sum_{i=1}^{n_b} x_{b,1,i} + a_{b,2} \sum_{i=1}^{n_b} x_{b,2,i}$$

$$\sum_{i=1}^{n_b} x_{b,1,i} y_{b,i} = a_{b,0} \sum_{i=1}^{n_b} x_{b,1,i} + a_{b,1} \sum_{i=1}^{n_b} x_{b,1,i}^2 + a_{b,2} \sum_{i=1}^{n_b} x_{b,1,i} x_{b,2,i} \tag{5-3}$$

$$\sum_{i=1}^{n_b} x_{b,2,i} y_{b,i} = a_{b,0} \sum_{i=1}^{n_b} x_{b,2,i} + a_{b,1} \sum_{i=1}^{n_b} x_{b,1,i} x_{b,2,i} + a_{b,2} \sum_{i=1}^{n_b} x_{b,2,i}^2$$

其中,下标的第一部分是算法类,第二部分是预测值,第三部分是像素点数。

图 5.9 为 8 个预测值样例数据的全圆盘亮温图,其中 Factor 1~8 对应表 5.9 中的序号 1~8。

表 5.9　降雨算法使用的预测值

输入数据序号	描述
1	$T_{6.25} - 120\ \text{K}$
2	$S = 0.568 - (T_{\min,10.7} - 217\ \text{K}) + 25\ \text{K}$
3	$T_{\text{avg},10.7} - T_{\min,10.7} - S + 70\ \text{K}$
4	$T_{7.1} - T_{6.25} + 87\ \text{K}$
5	$T_{8.5} - T_{7.1} + 107\ \text{K}$
6	$T_{10.7} - T_{7.1} + 121\ \text{K}$
7	$T_{8.5} - T_{10.7} + 158\ \text{K}$
8	$T_{10.7} - T_{12} + 158\ \text{K}$
9~16	预测值 1~8 的非线性转换

针对每一类算法进行评分,计算算法中使用预测值有雨检测的 HSS,并选择 HSS 值最高的预测值用于有雨区域的检测。HSS 的计算:

$$\text{HSS} = \frac{2(a_1 a_4 - a_2 a_3)}{(a_1 + a_2)(a_2 + a_4) + (a_3 + a_4)(a_1 + a_3)} \tag{5-4}$$

其中,a_1 为正确无雨估计数;a_2 为错误有雨数(即估计有雨,但观测没有雨);a_3 为错误无雨数(即估计没有雨,但观测有雨);a_4 为正确降雨估计数。较高的 HSS 值表示较高的技能,1 表示完美值（即 $a_2 = a_3 = 0$）。

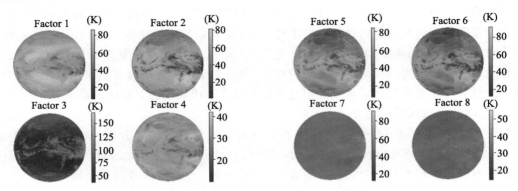

图 5.9 用于降雨反演的 8 个预测值的样例数据

根据样例数据反演所得系数如表 5.10 所示。

表 5.10 样例反演系数结果

降雨类型	变量名	说明	值
class0	hss_index1	单个预测值的最佳 HSS 索引（有雨/无雨）	0.000
	hss_index2	两个预测值的最佳 HSS 索引（有雨/无雨）	1.000
	com_coeffb1	2 个预测值的系数 b_1	−0.019
	com_coeffb2	2 个预测值的系数 b_2	0.003
	com_coeffb3	2 个预测值的系数 b_3	−0.002
	com_threshold	2 个预测值的阈值	0.094
	person_index1	16 个预测值中 1 个预测值对降雨率系数最大值的索引	11.000
	person_index2	16 个预测值中 2 个预测值组合对降雨率系数最小值的索引	11.000
	com_coeffa	2 个预测值的系数 a	2.183
	com_coeffb	2 个预测值的系数 b	−119.875
	com_coeffc	2 个预测值的系数 c	123.529
	trans_coeffA	1 个转换预测值中的系数 A	0.011
	trans_coeffB	1 个转换预测值中的系数 B	1.130
	trans_γ	1 个转换预测值中的系数 γ	25.000
	trans_com_coeffA	2 个转换预测值中的系数 A	0.011
	trans_com_coeffB	2 个转换预测值中的系数 B	1.130
	trans_com_γ	2 个转换预测值中的系数 γ	25.000

5.3.1.3 降水率反演

在判别分析算法确定为降雨的像素区域，为 12 个算法类分别进行降雨的反演。将具有最佳相关性的预测值与剩余的每个预测值组合，产生最佳相关性的预测值组合。完成后，通过一组系数对反演降雨率进行调整，以匹配 IMERG 降雨数据。

由于红外亮温与降雨率之间的非线性关系，算法需要对预测值采用非线性变换的方法进行补充。补充预测值之前需要对 8 个预测值通过增加常数的方式进行调整，以消除负值。

使用 FY-4A 静止卫星的亮温数据进行降雨反演,由于 FY-4A 卫星与原算法中使用的卫星 GOES-16 传感器性能有所差异,需要对原算法中预测值的常数进行适应性调整,QPE 算法的预测值如表 5.11 所示。

表 5.11　QPE 算法中的预测值

预测值	描述
1	$T_{6.25} - 174\ \mathrm{K}$
2	$S = 0.568 - (T_{\min,11.2} - 217\mathrm{K}) + 25\ \mathrm{K}$
3	$T_{\mathrm{avg},11.2} - T_{\min,11.2} - S + 85\ \mathrm{K}$
4	$T_{7.34} - T_{6.19} + 30\ \mathrm{K}$
5	$T_{8.5} - T_{7.34} + 30\ \mathrm{K}$
6	$T_{11.2} - T_{7.34} + 20\ \mathrm{K}$
7	$T_{8.5} - T_{11.2} + 30\ \mathrm{K}$
8	$T_{11.2} - T_{12.3} + 20\ \mathrm{K}$

通过对 8 个预测值 2019 年数据的统计分析,确定保证 8 个预测值为非负数的阈值,如图 5.10 所示,纵坐标代表未调整的预测值,横坐标代表像素数。

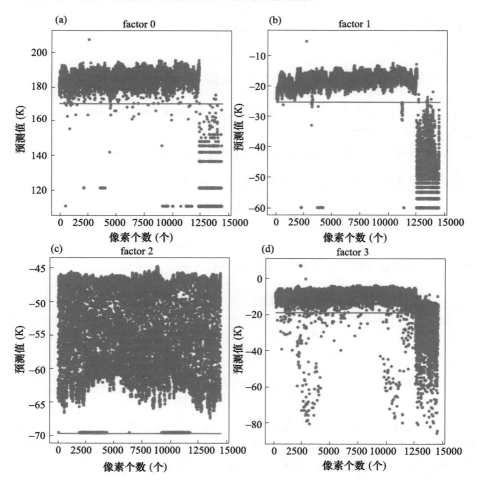

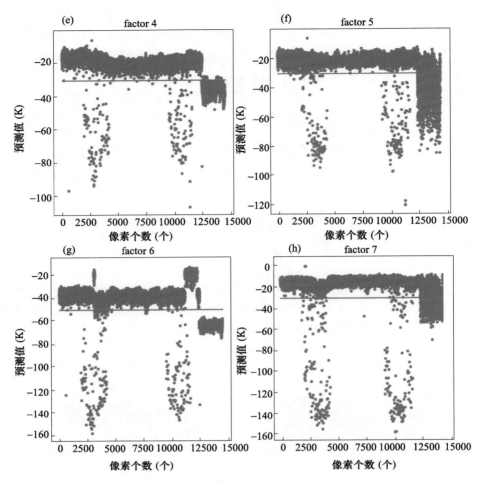

图 5.10 对 8 个预测值 2019 年数据的统计分析之后求得的常数

每个预测值 q 和 d 类 $X_{q,d}^T$ 的非线性变换使用幂函数：

$$x_{q,d}^T = a_{q,d}(x_{q,d} + \gamma_{q,d})^{\beta_{q,d}}$$（5-5）

其中，系数 $a_{q,d}$ 和 $\beta_{q,d}$ 通过解方程得到：

$$\log_{10} y = \log_{10} a_{q,d} + \beta_{q,d} \log_{10} x^T$$（5-6）

分别为每个预测值和算法类求解该方程，得到以下最小二乘解：

$$\beta_{q,d} = \frac{n_{q,d} \sum_{j=1}^{n_{q,d}} (\log_{10} x_{q,d,j})(\log_{10} y_{d,j}) - \sum_{j=1}^{n_{q,d}} (\log_{10} x_{q,d,j}) \sum_{j=1}^{n_{q,d}} (\log_{10} y_{d,j})}{n_{q,d} \sum_{j=1}^{n_{q,d}} (\log_{10} x_{q,d,j})^2 - \left(\sum_{j=1}^{n_{q,d}} \log_{10} x_{q,d,j}\right)^2}$$（5-7）

$$\log_{10} a_{q,d} = \frac{\sum_{j=1}^{n_{q,d}} (\log_{10} y_{d,j} - \log_{10} x_{q,d,j})}{n_{q,d}}$$（5-8）

对于每个算法类 d 中的每个预测值 q，分别求解系数 $a_{q,d}$ 和 $\beta_{q,d}$。式（5.7）和式（5.8）中，$x_{q,d,j}$ 为反演使用的预测值，$y_{d,j}$ 为相应的 IMERG 降雨产品的降雨率，下标 j 为像素点。

为避免转换式子经过原点，增加第三个未知数 $\gamma_{q,d}$ 作为截距常数。首先，$\gamma_{q,d}$ 的值最初设为 0,方程用式(5.7)和式(5.8)求解。然后,$\gamma_{q,d}$ 的值累加再次求解;在求解方程时,$\gamma_{q,d}$ 的值添加到每个预测值 $x^T_{q,d}$ 中。然后计算转换数据的皮尔逊相关系数:

$$\text{Correlation} = \frac{\text{cov}(x,y)}{\sigma_x \sigma_y} \tag{5-9}$$

其中,$\text{cov}(x,y)$ 为预测值和目标数据的协方差;σ_x 和 σ_y 分别代表预测值和目标数据的标准差。

在这种情况下,预测数据由转换的预测值(即 $x^T_{q,d}$)组成,目标数据由匹配的 IMERG 降雨产品(即 $y_{d,j}$)组成。如果拟合结果得到改进,则 $\gamma_{q,d}$ 的值继续累加;如果拟合度降低,则停止累加,使用之前的 γ 值。

确定系数 $a_{q,d}$、$\beta_{q,d}$ 和 $\gamma_{q,d}$ 的过程对每个预测值和每个类重复,并为每个类创建 8 个预测值的补充集。然后使用 16 个预测值的总集合来校准降雨反演。

选择与 IMERG 降雨产品降雨率具有最高皮尔逊相关系数的预测值,用所选的第一个预测值和剩余的每一个预测值组合重复该过程,并选择与 IMERG 降雨数据具有最高相关性的预测值对作为该降雨类的预测值对(和相关系数集)。

针对每一类降雨的反演结果,使用 IMERG 降雨产品进行调整。将反演结果与对应的 IMERG 产品降雨率相匹配。将匹配的结果进行升序排序后线性插值。线性插值后计算得出的系数和常数保存为查找表,通过查找表中的系数和常数线性调整上一步骤反演的降雨率结果,查找表会随着新数据产出而重新计算,并进行更新。原算法中的校准和验证数据,有效测量值最大到 50 mm/h。采用 IMERG 降雨产品作为校准和验证数据,有效测量值最大到 200 mm/h,且精度优于原算法中的校准和验证数据。提高了查找表的测量范围,也使得降雨反演的有效范围得到提升。

5.3.2　降雨反演结果分析

通过对 FY-4A 静止卫星 2019 年数据的统计分析,改进 QPE 算法中的预测值,并提高算法中的像素条件,使算法适用于西北太平洋区域的台风降雨反演。图 5.11 为使用 QPE 算法所反演的台风"罗莎"降雨数据与 IMERG 降雨数据的对比。由图 5.11a 可以看出,未改进的算法对台风风眼区域对流降雨的观测明显不足,对流降雨区域的判别有严重的缺失。改进预测值,提高反演像素条件之后的台风降雨反演算法,表现出对台风降雨良好的观测能力。

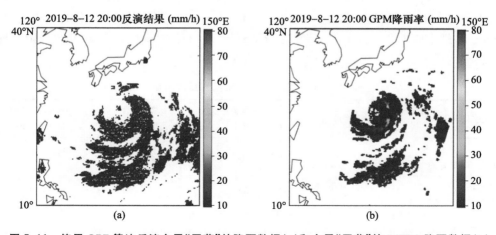

图 5.11　使用 QPE 算法反演台风"罗莎"的降雨数据(a)和台风"罗莎"的 IMERG 降雨数据(b)

2

图 5.12 是在西北太平洋区域所反演台风降雨数据集与 IMERG 降雨产品的验证结果,图 5.12a～5.12c 依次是 2019 年 8 月 12—14 日的验证结果,反演降雨率 RMSE 依次为 3.02 mm/h、3.43 mm/h、3.69 mm/h,验证结果表明反演算法所得降雨数据集精度较高。

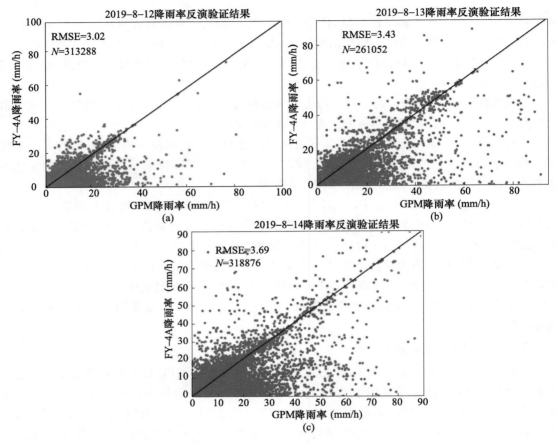

图 5.12　西北太平洋区域 2019 年 8 月 12—14 日反演降雨率的验证结果

用于验证的降雨像素数、时间范围、经纬度范围以及计算的降雨率 RMSE 如表 5.12 所示。用于验证的日降雨像素数达 26 万个以上时,8 月 12—14 日的降雨率 RMSE 最大值为 3.69 mm/h,最小值为 3.02 mm/h,降雨率 RMSE 平均值仅有 3.38 mm/h,反演降雨数据集表现出了较低的误差。

表 5.12　用于验证的降雨率反演数据

时间范围	经纬度范围	降雨像素数（个）	RMSE（mm/h）	RMSE 平均值（mm/h）
2019 年 8 月 12 日 00:00—23:59		313288	3.02	
2019 年 8 月 13 日 00:00—23:59	0°～60°N, 100°～160°E	261052	3.43	3.38
2019 年 8 月 14 日 00:00—23:59		318876	3.69	

　　表 5.13 为 2019 年发生在西北太平洋 11 例台风的基本信息,表中介绍了台风整个过程的时间跨度以及经纬度跨度。

表 5.13　西北太平洋 11 例台风的基本信息

台风名称	时间跨度	经纬度跨度
"利奇马" (LEKIMA)	2019 年 8 月 4 日 14:00— 8 月 13 日 11:00	(16.7°~37.5°N),(119.9°~131.5°E)
"罗莎" (KROSA)	2019 年 8 月 6 日 14:00— 8 月 16 日 17:00	(18.4°~41.3°N),(132.4°~142.8°E)
"白鹿" (BAILU)	2019 年 8 月 21 日 14:00— 8 月 26 日 02:00	(15.7°~24.6°N),(113.2°~132.2°E)
"法茜" (FAXAI)	2019 年 9 月 5 日 14:00— 9 月 10 日 14:00	(19.8°~40.5°N),(138.9°~155.5°E)
"塔巴" (TAPAH)	2019 年 9 月 18 日 23:00— 9 月 23 日 08:00	(22.2°~38.0°N),(125.3°~134.9°E)
"米娜" (MITAG)	2019 年 9 月 28 日 08:00— 10 月 3 日 14:00	(15.4°~38.8°N),(122.2°~137.8°E)
"海贝思" (HAGIBIS)	2019 年 10 月 6 日 02:00— 10 月 13 日 05:00	(14.5°~43.7°N),(137.0°~158.2°E)
"麦德姆" (MATMO)	2019 年 10 月 29 日 05:00— 10 月 31 日 11:00	(11.4°~13.7°N),(106.3°~116.5°E)
"夏浪" (HALONG)	2019 年 11 月 3 日 08:00— 11 月 9 日 08:00	(14.3°~30.7°N),(150.5°~160.0°E)
"娜基莉" (NAKRI)	2019 年 11 月 4 日 20:00— 11 月 11 日 17:00	(12.4°~14.0°N),(107.5°~117.1°E)
"北冕" (KALMAEGI)	2019 年 11 月 26 日 14:00— 12 月 5 日 14:00	(10.9°~14.8°N),(113.4°~147.2°E)

　　使用改进算法所反演数据集如图 5.13 所示,图中显示了台风区域的降雨位置和降雨分布情况,以及在风眼附近的螺旋降雨带。反演结果表明:算法中所用到的 AE 算法,适用于对流降雨较多的台风降雨;同时,算法所采用的统计分析方法,针对西北太平洋台风多发且雨量大的特点,计算所得的降雨反演系数对于台风区域的降雨反演效果最佳。

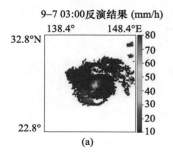

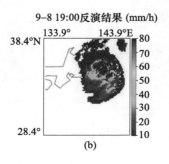

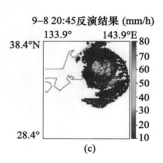

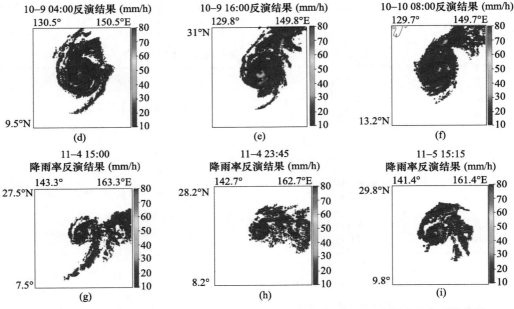

图 5.13　台风"法茜"(a~c)、台风"海贝思"(d~f)、台风"夏浪"(g~i)的降雨率反演结果

5.4　降水云团移动速度对降雨反演误差的影响

5.4.1　降水云团移动速度反演算法

　　5.3 节中所反演的台风降雨数据集,在台风的不同阶段,展现出不同的降雨率 RMSE。为分析影响降雨反演误差的因素,提出以下降雨云团移动速度的计算方法,并计算不同速度下的降雨率 RMSE,分析降雨云团移动速度对降雨反演误差的影响。

　　挑选台风"罗莎"2019 年 8 月 10 日 08:00 的 IMERG 降雨产品,台风风眼坐标为(22.7°N,141.5°E),计算风眼附近区域降雨率最大值像素点 A 的雨量梯度,图 5.14 为所挑选台风"罗莎"IMERG 降雨产品以及雨量最大值像素点 A 的雨量梯度。在下一时刻 2019 年 8 月 10 日

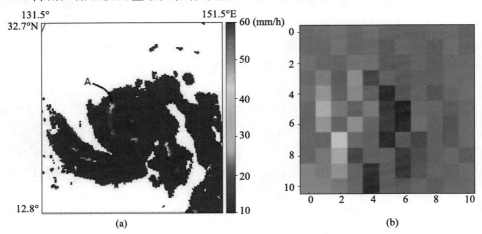

图 5.14　台风"罗莎"2019 年 8 月 10 日 08:00 的 IMERG 降雨数据(a)和 A 点的雨量梯度(b)

09：00 的台风"罗莎"IMERG 降雨产品，计算出每个像素的雨量梯度值，与点 A 的雨量梯度进行相关性匹配，选出相关性最高的坐标点 B。B 是在下一时刻风眼附近区域雨量梯度最大值的像素点，如图 5.15 所示。

雨量梯度的相关性匹配，根据两组数据的皮尔逊系数来计算：

$$\rho_{x,y} = \frac{\mathrm{cov}(x,y)}{\sigma_y \sigma_x} \tag{5-10}$$

其中，ρ 代表两组数据的皮尔逊系数，皮尔逊系数大于 0 代表正相关，越接近 1 代表相关性越高；cov 代表两组数据的协方差；σ 代表标准差。

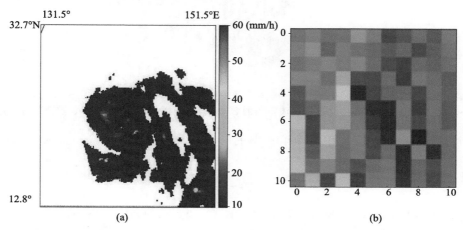

图 5.15　2019 年 8 月 10 日 09：00 的台风"罗莎"IMERG 降雨数据（a）和
A 点降雨梯度相关性最高点 B 的雨量梯度（b）

通过雨量梯度值相关性的匹配，监测降雨云团的移动。通过像素点 A、B 相对于风眼坐标的相对位置，计算出台风在 1 h 内旋转的角度和 A、B 点相对于风眼的距离。通过 A、B 点距离风眼坐标球面距离的大小，确定台风区域降雨云团在这 1 h 内收缩或是扩散。球面距离：

$$S = R \cdot \arccos\left[\cos\beta_1 \cos\beta_2 \cos(\alpha_1 - \alpha_2) + \sin\beta_1 \sin\beta_2\right] \tag{5-11}$$

其中，两坐标点的坐标分别为 (α_1, β_1) 和 (α_2, β_2)；S 为两坐标的球面距离；R 为地球半径。

将 08：00 的 IMERG 降雨产品通过旋转插值及缩放插值到 09：00 的 IMERG 降雨产品中，使 A、B 两点重合，根据重合点的雨量数据，拟合出两时刻降雨产品的线性关系：

$$y = 0.9157x - 3.8713 \tag{5-12}$$

其中，x 为前一时刻的雨量；y 为后一时刻的雨量。

通过两时刻降雨产品的旋转速度、缩放倍数以及线性关系，推演出 08：00—09：00 任意时刻的台风降雨数据，图 5.16 为根据 IMERG 降雨产品所推演出的 08：30 降雨数据。

该方法得到雨量梯度最大值的坐标（A(24.6°N, 139.3°E)，B(23.7°N, 138.8°E)），通过计算 A 和 B 到风眼 O 的球面距离得知，A 到风眼 O 的球面距离大于 B 到风眼 O 的球面距离。降雨云团的移动不只有圆周运动方向的距离，还有向心方向运动的距离，说明台风涡旋是非对称的结构。根据 A、B 的坐标以及台风风眼 O(22.7°N, 147.5°E) 的坐标，计算出降雨云团绕风眼 O 旋转的角度 α。可以根据弧长计算公式计算出降雨云团作圆周运动的弧长：

$$L = \alpha \times \pi \times \frac{r}{180} \tag{5-13}$$

其中，α 为降雨云团旋转的角度；r 为半径（O、A 的球面距离）；L 为弧长。

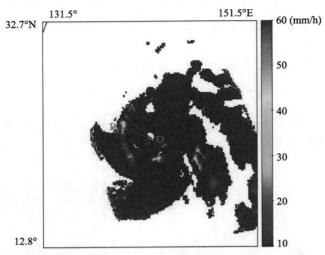

图 5.16 根据降雨云团追踪算法反演得到的 2019 年 8 月 10 日 08:30 的台风"罗莎"降雨数据

通过计算得出的弧长 L 和两降雨数据的时间差 Δt，可以求出降雨云团移动的切线速度 V_τ：

$$V_\tau = \frac{L}{\Delta t} \tag{5-14}$$

计算 A 到风眼 O 的距离和 B 到风眼 O 的距离，两距离的差除以两降雨数据的时间差，计算出降雨云团的向心运动的速度 V_o。通过切向速度 V_τ 和向心速度 V_o，求出降雨云团从 A 移动到 B 的平均速度。

根据台风最大风速，将台风过程分为起始、增强、成熟、减弱、消亡五个阶段。台风起始阶段最大风速小于 24.4 m/s，基本为热带风暴或热带低压状态，增强阶段台风最大风速不断增加，成熟阶段台风最大风速达到整个台风过程的最大值，减弱阶段台风最大风速不断减小，直至消亡。针对每个阶段计算降雨云团移动速度，将计算的 11 例台风的降雨云团移动速度与其对应的台风最大风速匹配，台风最大风速的数据来自中央气象台台风网。表 5.14～表 5.16 为反演的 11 例台风降雨云团移动速度与台风最大风速对比表，表中每个台风案例选取了五组对比数据，五组数据依次对应台风的起始、增强、成熟、减弱、消亡五个阶段。

表 5.14 台风"罗莎""利奇马""白鹿""法茜""海贝思""夏浪"
降雨云团移动速度与对应的台风最大风速

台风名称	台风阶段	台风最大风速(m/s)	降雨云团移动速度(m/s)	台风名称	台风阶段	台风最大风速(m/s)	降雨云团移动速度(m/s)
"罗莎"(KROSA)	起始	23	14.53	"法茜"(FAXA)	起始	18	12.18
	增强	30	19.23		增强	35	25.12
	成熟	45	30.65		成熟	50	34.61
	减弱	38	26.94		减弱	38	25.68
	衰亡	28	18.25		衰亡	28	18.35

台风名称	台风阶段	台风最大风速(m/s)	降雨云团移动速度(m/s)	台风名称	台风阶段	台风最大风速(m/s)	降雨云团移动速度(m/s)
"利奇马"(LEKIMA)	起始	18	11.36	"海贝思"(HAGIBIS)	起始	23	15.63
	增强	33	21.48		增强	42	28.16
	成熟	58	41.62		成熟	60	41.27
	减弱	45	43.71		减弱	48	31.52
	衰亡	28	21.63		衰亡	30	19.38
"白鹿"(BAILU)	起始	18	11.48	"夏浪"(HALONG)	起始	18	12.39
	增强	25	14.29		增强	33	23.12
	成熟	30	21.63		成熟	65	43.68
	减弱	28	18.74		减弱	55	35.43
	衰亡	20	12.46		衰亡	25	16.96

表 5.15　台风"北冕""麦德姆""娜基莉""塔巴"降雨云团移动速度与对应的台风最大风速

台风名称	台风阶段	台风最大风速(m/s)	降雨云团移动速度(m/s)	台风名称	台风阶段	台风最大风速(m/s)	降雨云团移动速度(m/s)
"北冕"(KAMMURI)	起始	18	12.36	"娜基莉"(NAKRI)	起始	15	11.06
	增强	33	23.42		增强	25	17.34
	成熟	52	35.12		成熟	33	23.76
	减弱	35	23.68		减弱	28	17.31
	衰亡	25	12.82		衰亡	20	13.26
"麦德姆"(MATMO)	起始	15	10.73	"塔巴"(TAPAH)	起始	15	10.62
	增强	18	13.18		增强	23	16.49
	成熟	25	17.35		成熟	33	23.83
	减弱	20	13.65		减弱	28	17.33
	衰亡	18	11.96		衰亡	25	16.91

表 5.16　台风"米娜"降雨云团移动速度与对应的台风最大风速

台风名称	台风阶段	台风最大风速(m/s)	降雨云团移动速度(m/s)
"米娜"(MITAG)	起始	18	13.08
	增强	28	18.98
	成熟	40	29.24
	减弱	35	22.31
	衰亡	20	13.56

　　将降雨云团移动速度与台风最大风速匹配,可分析降雨云团移动速度与台风最大风速的变化关系。将表 5.14～表 5.16 绘制降雨云团移动速度随台风最大风速的变化图,分析降雨云团移动速度随台风最大风速的变化趋势,图 5.17 为降雨云团移动速度与台风最大风速变化

图。图中 x 轴为台风最大风速,y 轴为降雨云团移动速度,由于台风最大风速范围不同,为简化 x 坐标轴刻度,x 轴的刻度使用上述所示台风最大风速变化的五个阶段来代替具体数值。结果显示,台风最大风速先增大再减小,此规律跟台风的发展过程有关。在台风初期,台风最大风速低于 24 m/s,随台风增强,台风最大风速增大,发展成为超强台风时最大风速可达 60 m/s以上,在最高强度持续一段时间后,台风进入衰亡阶段,此时台风最大风速逐渐减小;同一时刻的降雨云团移动速度比台风最大风速偏小 30% 左右,超强台风(最大风速>51 m/s)的降雨云团移动速度可达 40 m/s 以上。总体变化趋势一致:台风降雨的区域普遍存在于台风最大风速区域之外,导致降雨云团的移动速度小于台风最大风速;台风发展过程中台风最大风速先增大后减小,降雨云团速度随台风最大风速的增大而增大,减小而减小。降雨云团移动速度与台风最大风速的关系验证了本文提出的降雨云团移动速度反演方法的正确性。

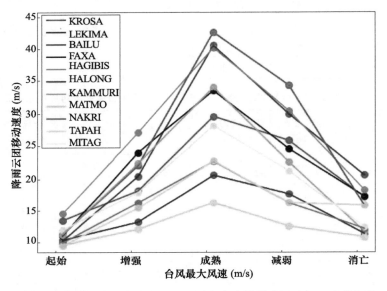

图 5.17　降雨云团移动速度 $V_{raincloud}$ 随多个台风最大风速 V_{max} 变化规律

5.4.2　降水云团移动速度对降雨反演误差的影响

通过降雨云团的追踪方法,求出台风不同阶段的降雨云团移动速度,匹配相应的降雨率反演 RMSE。表 5.17～表 5.19 为反演的 11 例台风降雨云团移动速度与降雨率 RMSE 对比表,表中每个台风案例选取了五组对比数据,五组数据依次对应台风的起始、增强、成熟、减弱、消亡五个阶段。

表 5.17　台风"罗莎""利奇马""白鹿""法茜""海贝思""夏浪"降雨云团移动速度和对应的降雨率 RMSE

台风	台风阶段	降雨云团移动速度(m/s)	RMSE(mm/h)	台风	台风阶段	降雨云团移动速度(m/s)	RMSE(mm/h)
"罗莎"(KROSA)	起始	14.53	3.52	"法茜"(FAXA)	起始	12.18	4.72
	增强	19.23	4.06		增强	25.12	5.49
	成熟	30.65	4.63		成熟	34.61	6.91
	减弱	26.94	4.24		减弱	25.68	5.27
	衰亡	18.25	3.85		衰亡	18.35	4.51

续表

台风	台风阶段	降雨云团移动速度(m/s)	RMSE(mm/h)	台风	台风阶段	降雨云团移动速度(m/s)	RMSE(mm/h)
"利奇马"(LEKIMA)	起始	11.36	4.14	"海贝思"(HAGIBIS)	起始	15.63	4.76
	增强	21.48	5.96		增强	28.16	5.31
	成熟	41.62	7.46		成熟	41.27	7.35
	减弱	43.71	6.67		减弱	31.52	5.03
	衰亡	21.63	5.48		衰亡	19.38	4.64
"白鹿"(BAILU)	起始	11.48	4.29	"夏浪"(HALONG)	起始	12.39	3.97
	增强	14.29	4.71		增强	23.12	5.84
	成熟	21.63	6.37		成熟	43.68	7.27
	减弱	18.74	5.68		减弱	35.43	5.39
	衰亡	12.46	4.43		衰亡	16.96	4.84

表 5.18　台风"北冕""麦德姆""娜基莉""塔巴"降雨云团移动速度与对应的降雨率 RMSE

台风	台风阶段	降雨云团移动速度(m/s)	RMSE(mm/h)	台风	台风阶段	降雨云团移动速度(m/s)	RMSE(mm/h)
"北冕"(KAMMURI)	起始	12.36	4.48	"娜基莉"(NAKRI)	起始	11.06	3.64
	增强	23.42	5.56		增强	17.34	4.12
	成熟	35.12	6.91		成熟	23.76	5.06
	减弱	23.68	5.39		减弱	17.31	4.02
	衰亡	12.82	4.03		衰亡	13.26	3.46
"麦德姆"(MATMO)	起始	10.73	3.34	"塔巴"(TAPAH)	起始	10.62	3.94
	增强	13.18	3.87		增强	16.49	4.48
	成熟	17.35	4.21		成熟	23.83	5.33
	减弱	13.65	3.55		减弱	17.33	4.19
	衰亡	11.96	3.07		衰亡	16.91	3.78

表 5.19　台风"米娜"降雨云团移动速度与对应的降雨率 RMSE

台风	台风阶段	降雨云团移动速度(m/s)	RMSE(mm/h)
"米娜"(MITAG)	起始	13.08	4.18
	增强	18.98	5.03
	成熟	29.24	5.71
	减弱	22.31	4.64
	衰亡	13.56	3.97

　　将表中的降雨云团移动速度与降雨率 RMSE 绘制成折线图,可分析降雨率 RMSE 随降雨云团移动速度的变化趋势,如图 5.18 所示。结果表明,降雨率 RMSE 的变化趋势与降雨云

团移动速度基本一致,台风起始阶段,降雨率 RMSE 基本在 4.5 mm/h 以下,降雨反演算法表现稳定。当降雨云团移动速度增大,降雨反演算法表现出较大的误差,在台风"利奇马"反演的降雨云团移动速度达到 41.62 m/s 时,降雨率 RMSE 达到了 7.46 mm/h。降雨云团移动速度对降雨反演误差的影响所表现的总体趋势:台风发展过程,随着降雨云团移动速度的增大,降雨率 RMSE 增大;台风衰减和消亡阶段,降雨云团移动速度减小,降雨率 RMSE 随之变小。

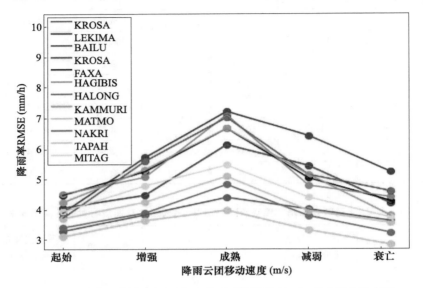

图 5.18 多个台风降雨云团移动速度对降雨率 RMSE 影响的变化规律

5.5 台风不同阶段对降雨反演误差的影响

5.5.1 台风发展过程

台风是一种发生在热带或副热带海洋上的强烈气旋性涡旋,台风过程通常伴随着 7 级以上的大风及强降雨。科学研究表明,台风通常发起于低纬度地区,在中低纬度地区发展增强,最终消亡于中高纬度地区。西北太平洋地区每年生成多个热带气旋,对我国造成严重灾害,7°～19°N,136°～154°E 为台风生成的主要集中区域,此区域发起的台风达到总数的一半左右。根据我国实施的《热带气旋等级》标准,根据最大风速将台风分类,如表 5.20 所示。

表 5.20 根据台风最大风速划分台风等级的标准

台风强度	热带低压	热带风暴	强热带风暴	台风	强台风	超强台风
最大风速(m/s)	10.8～17.1	17.2～24.4	24.5～32.6	32.7～41.4	41.5～50.9	≥51.0

热带的高温将海水蒸发,水汽升到空中形成低气压中心,随着空气的旋转,形成旋转的热带气旋,热带的高温、下垫面影响等诸多因素促使台风增强,台风增强的过程,对流雨带增多,对流雨带会造成短时间的强降雨。台风携带的降雨,通常变化剧烈且雨量较大。针对台风降雨的特性,将所反演的台风数据集分阶段验证,分析不同阶段的降雨反演误差。

5.5.2　台风不同阶段的降水率 RMSE

为研究台风不同阶段对降雨反演误差的影响,将台风过程划分为初期(最大风速<24.5 m/s)、成熟(最大风速≥24.5 m/s)和衰亡(最大风速<24.5 m/s)三个阶段。表 5.21 为 11 例台风不同阶段的时间跨度与经纬度跨度。由表可以看出:在西北太平洋的台风,基本都会发展到强热带风暴以上(最大风速≥24.5 m/s),并持续较长时间;有 4 例发展到超强台风级别(最大风速≥51.0 m/s)。表中下一个阶段的时间起点为上一阶段的截止时间,时间起点经纬度为台风风眼的位置。

表 5.21　11 例台风发展阶段的时间与经纬度跨度

台风名称	台风不同阶段	时间起点	时间起点经纬度	台风最大风速(m/s)
"利奇马" (LEKIMA)	初期	8 月 4 日 14:00	(16.7°N,131.5°E)	58
	成熟	8 月 6 日 02:00	(18.6°N,129.2°E)	
	衰亡	8 月 10 日 19:00	(30.6°N,120.2°E)	
"罗莎" (KROSA)	初期	8 月 6 日 14:00	(18.4°N,142.8°E)	12
	成熟	8 月 7 日 05:00	(20.0°N,141.9°E)	
	衰亡	8 月 15 日 20:00	(36.1°N,133.0°E)	
"白鹿" (BAILU)	初期	8 月 21 日 14:00	(15.7°N,132.2°E)	30
	成熟	8 月 22 日 23:00	(16.8°N,127.8°E)	
	衰亡	8 月 25 日 08:00	(23.9°N,117.1°E)	
"法茜" (FAXAI)	初期	9 月 5 日 14:00	(19.8°N,155.5°E)	50
	成熟	9 月 6 日 17:00	(24.5°N,149.1°E)	
	衰亡	9 月 9 日 20:00	(38.4°N,144.2°E)	
"塔巴" (TAPAH)	初期	9 月 18 日 23:00	(22.0°N,130.0°E)	33
	成熟	9 月 20 日 14:00	(23.1°N,127.2°E)	
	衰亡	9 月 23 日 08:00	(38.0°N,134.9°E)	
"米娜" (MITAG)	初期	9 月 28 日 08:00	(15.4°N,132.1°E)	40
	成熟	9 月 29 日 05:00	(17.9°N,127.1°E)	
	衰亡	10 月 2 日 13:00	(33.1°N,124.4°E)	
"海贝思" (HAGIBIS)	初期	10 月 6 日 02:00	(15.1°N,158.2°E)	60
	成熟	10 月 6 日 14:00	(14.5°N,154.3°E)	
	衰亡	10 月 13 日 05:00	(39.2°N,143.1°E)	
"麦德姆" (MATMO)	初期	10 月 29 日 05:00	(11.4°N,116.5°E)	25
	成熟	10 月 30 日 17:00	(13.3°N,110.5°E)	
	衰亡	10 月 31 日 02:00	(13.5°N,108.9°E)	
"夏浪" (HALONG)	初期	11 月 3 日 08:00	(14.3°N,156.7°E)	65
	成熟	11 月 3 日 20:00	(15.8°N,154.2°E)	
	衰亡	11 月 8 日 14:00	(27.8°N,155.0°E)	

台风名称	台风不同阶段	时间起点	时间起点经纬度	台风最大风速(m/s)
"娜基莉" (NAKRI)	初期	11 月 4 日 20:00	(14.0°N, 114.2°E)	33
	成熟	11 月 7 日 08:00	(13.5°N, 116.8°E)	
	衰亡	11 月 11 日 00:00	(12.8°N, 109.4°E)	
"北冕" (KALMAEGI)	初期	11 月 26 日 14:00	(10.9°N, 147.2°E)	52
	成熟	11 月 27 日 14:00	(11.6°N, 141.1°E)	
	衰亡	12 月 5 日 04:00	(14.8°N, 115.3°E)	

　　将三个阶段的台风降雨反演数据集与 IMERG 降雨数据作验证,计算出不同阶段的降雨率 RMSE,图 5.19~图 5.22 列举了 11 例台风不同阶段的验证结果,图中标注了降雨率验证的 RMSE。

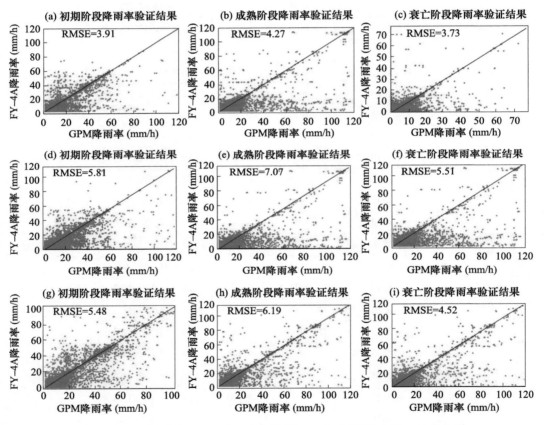

图 5.19　台风"罗莎"(a~c)、台风"利奇马"(d~f)、台风"白鹿"(g~i)的初期、成熟和衰亡阶段的反演降雨率验证结果

　　表 5.22 统计了 11 例台风不同阶段的降雨率 RMSE,由表可看出,在台风初期阶段,降雨率 RMSE 低于 6.0 mm/h,降雨算法性能较稳定;台风成熟阶段,降雨率 RMSE 明显增大,最大强度达到超强台风(最大风速>51.0 m/s)的"海贝思",台风成熟阶段的降雨率 RMSE 高达 7.24 mm/h;衰亡阶段的降雨率 RMSE 基本低于 5.5 mm/h。

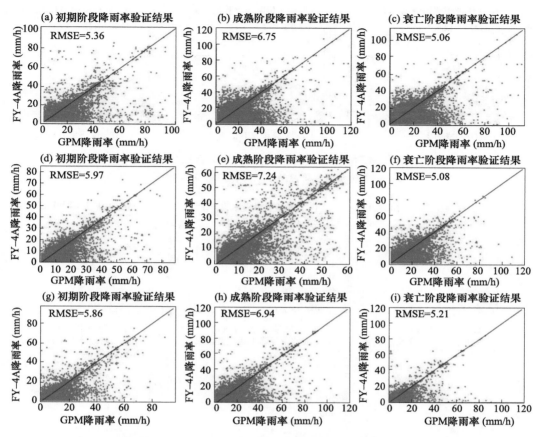

图 5.20　台风"法茜"(a~c)、台风"海贝思"(d~f)、台风"夏浪"(g~i)的初期、
成熟和衰亡阶段的反演降雨率验证结果

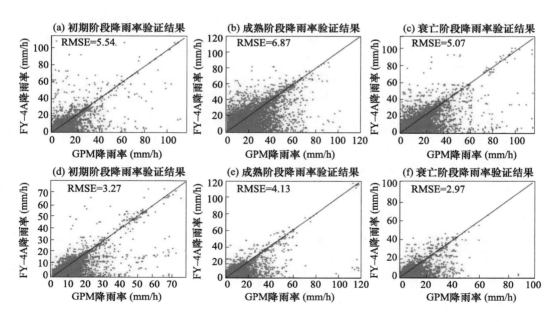

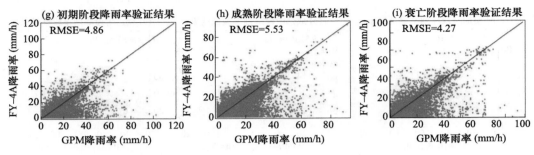

图 5.21 台风"北冕"(a~c)、台风"麦德姆"(d~f)、台风"米娜"(g~i)的初期、
成熟和衰亡阶段的反演降雨率验证结果

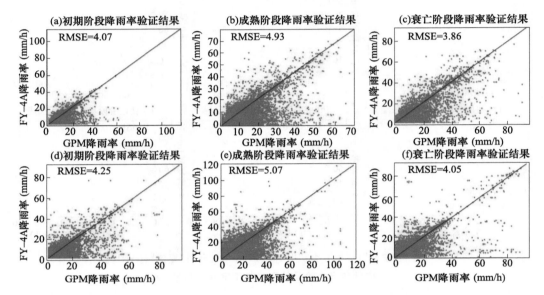

图 5.22 台风"娜基莉"(a~c)、台风"塔巴"(d~f)的初期、成熟和衰亡阶段的反演降雨率验证结果

表 5.22 台风不同阶段的降雨率 RMSE

台风名称	初期阶段 RMSE（mm/h）	成熟阶段 RMSE（mm/h）	衰亡阶段 RMSE（mm/h）
"罗莎"(KROSA)	3.91	4.27	3.73
"利奇马"(LEKIMA)	5.81	7.07	5.51
"白鹿"(BAILU)	5.48	6.19	4.52
"法茜"(FAXA)	5.36	6.75	5.06
"海贝思"(HAGIBIS)	5.97	7.24	5.08
"夏浪"(HALONG)	5.86	6.94	5.21
"北冕"(KAMMURI)	5.54	6.87	5.07
"麦德姆"(MATMO)	3.27	4.13	2.97
"娜基莉"(NAKRI)	4.07	4.93	3.86
"塔巴"(TAPAH)	4.25	5.07	4.05
"米娜"(MITAG)	4.86	5.53	4.27

图 5.23 为降雨率 RMSE 在台风不同阶段的变化图,图中总体趋势表明:降雨率 RMSE 随台风强度增大而变大;衰亡阶段的降雨率 RMSE 在整个台风阶段最小。台风成熟阶段的降雨率 RMSE 基本超过初期和衰亡阶段的 20% 以内;但长时间的强台风以及超强台风(如“利奇马”“北冕”“夏浪”“海贝思”等)使降雨率 RMSE 的差距增大,成熟阶段的降雨率 RMSE 超过衰亡阶段约 30%。

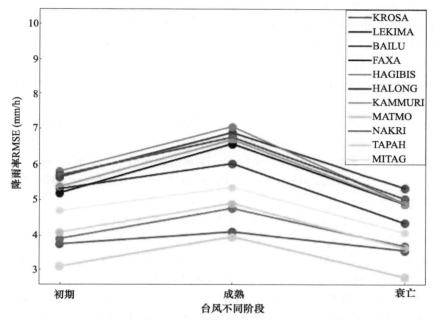

图 5.23　多个台风发展过程中的初期、成熟和衰亡阶段的降雨率 RMSE 变化规律

5.5.3　结果分析

使用 FY-4A 静止卫星红外传感器观测的亮温图像进行台风降雨反演结果,与 IMERG 降雨产品的验证结果显示,在台风增强的过程中,降雨率反演误差明显增大。台风逐渐增强的过程中,在台风风眼附近聚集着大量的对流云,且云顶较高。FY-4A 静止卫星所测得的云顶亮温更低,本算法中,更低的亮温则意味着更强的降雨。在台风风眼附近,低亮温的区域往往是大于降雨区域的,即高云顶的低亮温区域并不意味着全是降雨。降雨反演算法在台风区域的降雨反演,降雨区域和雨量相比实际情况偏大。

此算法通过统计分析反演降雨,用于降雨反演的系数通过滚动数据集计算得出,当台风进入衰亡阶段,此时用于反演降雨的系数通过台风发展过程中的预测值计算得出,相较于其他阶段更适用于降雨反演,所以在台风衰亡阶段降雨反演算法性能最佳。

参考文献

[1] Huffman G J,Adler R F,Rudolf B,et al. Global precipitation estimates based on a technique for combining satellite-based estimates,rain gauge analysis,and NWP model precipitation information[J]. Journal of Climate,1995,8(5):1284-1295.

［2］ Norouzi H，Temimi M，Khanbilvardi R，et al. Consistency analysis among microwave land surface emissivity products to improve GPROF precipitation estimations［C］// Geoscience and Remote Sensing Symposium. IEEE，2015.

［3］ Adler R F，Huffman G J，Keehn P R . Global tropical rain estimates from microwave-adjusted geosynchronous IR data［J］. Remote Sens Rev，1994，11(1-4)：125-152.

［4］ Arkin P A，Meisner B N. The relationship between large-scale convective rainfall and cold cloud over the Western Hemisphere during 1982—1984［J］. Mon Wea Rev，2009，115(1)：1-10.

［5］ Xu L，Gao X，Sorooshian S，et al. Amicrowave infrared threshold technique to improve the GOES precipitation index［J］. Journal of Applied Meteorology，1950，38(5)：569-579.

［6］ Kummerow C，Giglio L. A method for combining passive microwave and infrared rainfall observations［J］. Journal of Atmospheric and Oceanic Technology，1995，12(1)：33-45.

［7］ Huffman G J，Adler R F，Morrissey M M，et al. Global precipitation at one-degree daily resolution from multisatellite observations［J］. Journal of Hydrometeorology，2001，2(1)：36-50.

［8］ Manobianco J，Koch S，Karyampudi V M，et al. The impact of assimilating satellite-derived precipitation rates on numerical simulations of the ERICA IOP 4 cyclone［J］. Mon Wea Rev，2009，122(2)：341.

［9］ 孙绍辉，李万彪，黄亦鹏. 利用 Himawari-8 卫星红外图像反演降水［J］. 北京大学学报(自然科学版)，2019，55(2)：22-33.

［10］ Kuligowski R J. Aself-calibrating real-time GOES rainfall algorithm for short-term rainfall estimates［J］. Journal of Hydrometeorology，2001，3(2)：112-130.

［11］ Vicente G A，Scofield R A，Menzel W P. The operational GOES infrared rainfall estimation technique［J］. Bulletin of the American Meteorological Society，1998，79(9)：1883-1898.

［12］ Martin D W，Goodman B，Schmit T J，et al. Estimates of daily rainfall over the Amazon Basin［J］. Journal of Geophysical Research，1990，95(10)：17043-17050.

［13］ Goodman B，Martin D W，Menzel W P，et al. A non-linear algorithm for estimating three-hourly rain rates over Amazonia from GOES/VISSR observations［J］. Remote Sensing Reviews，1994，10(1-3)：169-177.

［14］ Woodley W L. Precipitation results from a pyrotechnic cumulus seeding experiment［J］. Journal of Applied Meteorology，2010，9(2)：242-257.

［15］ Scofield R A . The NESDIS operational convective precipitation-estimation technique［J］. Mon Wea Rev，1987，115(8)：1773-1792.

［16］ Kuhnlein M，Appelhans T，Thies B，et al. Improving the accuracy of rainfall rates from optical satellite sensors with machine learning — A random forests-based approach applied to MSG SEVIRI［J］. Remote Sensing of Environment，2014：129-143.

［17］ Capacci D，Conway B J. Delineation of precipitation areas from MODIS visible and infrared imagery with articial neural networks［J］. Meteorological Applications，2010，12(4)：291-305.

［18］ Behrangi A，Stephens G L，Adler R F，et al. An update on the oceanic precipitation rate and its zonal distribution in light of advanced observations from space［J］. Journal of Climate，2014，27(11)：3957-3965.

［19］ Iguchi T. Evolution of the rain profiling algorithm for the TRMM Precipitation Radar［C］// Geoscience and Remote Sensing Symposium. IEEE，2011.

第6章 海雾卫星观测应用技术

6.1 引言

海雾一般指在海上或沿海地区低层大气中一种水汽凝结的天气现象,使水平能见度降低到 1 km 以下,呈乳白色,其受到海面因素影响通常分为辐射雾、平流雾、地形雾、锋面雾和蒸汽雾,其中辐射雾和平流雾较为常见。辐射雾由于地表层因辐射散热冷却,贴近地表的大气层变冷而形成,包括海面浮膜辐射雾、盐层辐射雾和冰面辐射雾;而平流雾是因大气水平流动作用而生成的雾,分为平流冷却雾和平流蒸发雾。平流蒸发雾为海水蒸发使水汽达到饱和状态而形成的雾,雾层不厚且不浓;平流冷却雾是暖湿空气移到较冷的海面,冷却而形成的雾。我国近海出现的海雾以平流冷却雾为主,雾季从春至夏自南向北推延,入夏之后,太平洋高压脊向西北伸展,如果其伸至我国沿海地区,加之太平洋高压脊是暖性深厚系统,海雾持续时间较长,平流雾的垂直厚度从几十米至 2 km,水平范围可超过数百千米。

作为一种常见的海洋气象灾害,海雾引起的低能见度对沿海地区的飞机起降、海上交通运输、船舶进出港口、海上石油勘探、港口作业以及海上军事活动等造成不良影响;雾气还会相对地减少日照时间,低温高湿会对沿海地区农作物造成危害,雾水中的盐分会对建筑物产生一定程度的腐蚀。根据国际海事组织统计,60 %～80 % 的海上交通事故与能见度不良有直接关系。船舶搁浅主要由能见度、风、流等原因造成;碰撞事故大多因为海上交通密度过大以及恶劣自然条件而造成,浓雾导致的海上能见度不良是影响交通安全的重大隐患[1,2]。当海雾侵入沿海高速公路时,不仅正常交通运输活动受影响,并且起雾期间近海海面水汽含量大,不同波段电磁波的吸收、散射和反射特性也会受到水汽的严重干扰[3]。我国毗邻的四个海区皆有海雾发生,黄海、渤海紧邻西北太平洋沿岸多海雾区,部分沿海测站观测到的年平均雾日 50～80 d。船舶是当今世界重要的交通工具之一。由于海上环境多变复杂,船舶会受到海面环境因素,如海流、海雾、海冰以及大风天气等的影响。黄海、渤海、东海是全球最大的海架之一,拥有繁忙的海上交通活动,随着我国航海活动、渔业生产、资源开发等海上活动的日益频繁,海雾造成的影响更不能忽视。

6.2 基于遥感卫星海雾识别原理介绍

6.2.1 日间海雾遥感原理

6.2.1.1 光谱特性

日间海雾识别原理主要基于云(中高云和低云)、雾、晴空海面光谱辐射特性和纹理特性的不同。海面的反射率较低,为 2 ％～6 ％,所以在遥感图像上呈暗黑色。在可见光到近红外波段(0.38～3 μm),卫星上接收的辐射几乎全部来自于云雾层和下垫面反射的太阳辐射、地球大气对太阳辐射和地球大气对太阳辐射的散射辐射。地球大气对太阳辐射的散射辐射相对于云雾和下垫面反射的太阳辐射的所占比率很小,可忽略不计。云雾在可见光到近红外波段具有较高的反射率,其在卫星遥感成像影像上多表现为较亮的区域,中高云的反射率要明显高于低云和雾,由于海雾与海面相接,卫星接收的来自地物的反射传播距离更长,其中会发生损耗,所以相同厚度的低云与雾,低云具有更低的反射率。

在中红外波段,卫星接收到的既包含地表发射的长波辐射,也包含其反射的太阳辐射。白天云雾在中红外通道反射的太阳辐射强烈依赖于云雾粒子的大小,粒子越小,其反射强度越大[4]。大部分雾粒子的尺度小于低云和中高云,因此,雾在中红外通道反射的太阳辐射要比低云反射的太阳辐射大[5]。在 FY-4A 的 AGRI 波段中,3.75 μm 是可以选用的波段,作为中红外波段与远红外组合设定阈值判定。

远红外波段,卫星接收的信息主要来自地表自身发射的红外辐射,取决于辐射地物本身的温度和比辐射率。温度越高,比辐射率越高。海雾、低云以及中高云三类,由于所处高度不同,自身温度也不同,中高云由于高度较高,自身温度低,亮温会低于低云与雾。在 FY-4A 卫星的AGRI 波段中,10.7 μm 是可以选用的波段,通过其亮温数据可以显示出中高云、低云与雾的自身温度的差别,可以作为识别海雾的依据。

6.2.1.2　纹理特征

云雾的空间分布特性往往由纹理特性表征[6]。由于低层云雾粒子具有相似的物理性质,表现的光谱辐射性质相似,像素间灰度值有很好的连续性,对比度不大,所以呈现在遥感影像的纹理均匀细腻,边缘轮廓明显清晰。中高云云顶由于所处高度不同,呈现纹理细碎杂乱,分布不均匀。

6.2.2　夜间海雾遥感原理

利用遥感手段探测夜间海雾可用的波段,主要集中在中红外波段与远红外波段。卫星接收的辐射主要以地物自身发射辐射为主。由于雾相比于云的粒子半径更小,雾在中红外波段的发射率小于1,在远红外波段的发射率近似为1,雾在中红外通道的亮度温度比在远红外通道的亮度温度低得多。而海表面和中高云在中红外与远红外的发射率都近似为1,两个波段上的亮温基本相同。所以一般利用中红外与远红外通道作为夜间海雾光谱识别依据。

6.3　资料与方法

6.3.1　研究资料

6.3.1.1　FY-4A AGRI 数据介绍

FY-4A 卫星上面搭载一台具有 14 个通道的扫描成像辐射计(AGRI),其一级产品数据由国家气象卫星中心提供,空间分辨率为 0.5～4 km,时间分辨率为 15 min,FY-4A 各通道波长范围、中心波长、空间分辨率和其主要用途如表 6.1 所示。

表 6.1 FY-4A AGRI 探测通道参数

通道	波长范围 （μm）	中心波长 （μm）	空间分辨率 （km）	主要用途
1	0.45～0.49	0.47	1.0	小粒子气溶胶、真彩色合成
2	0.55～0.75	0.65	0.5	植被、恒星观测
3	0.75～0.90	0.825	1.0	植被、水面上空气溶胶
4	1.36～1.39	1.375	2.0	卷云
5	1.58～1.64	1.61	2.0	低云/雪识别、水云/冰云判识
6	2.10～2.35	2.25	2.0	卷云、气溶胶、粒子大小
7	3.5～4.0	3.75H	2.0	云等高反射率目标、火点
8	3.5～4.0	3.75L	4.0	低反射率目标、地表
9	5.8～6.7	6.25	4.0	高层水汽
10	6.9～7.3	7.1	4.0	中层水汽
11	8.0～9.0	8.5	4.0	总水汽、云
12	10.3～11.3	10.7	4.0	云、地表温度
13	11.5～12.5	12.0	4.0	云、总水汽量、地表温度
14	13.2～13.8	13.5	4.0	云、水汽

其数据集是多通道扫描成像辐射计 0 级源包数据经过质量检验、地理定位、辐射定标处理后得到的预处理产品，可直接应用于数值天气预报模式、卫星辐射资料同化、气候变化应用研究，也广泛应用于大气垂直探测（温度湿度廓线、臭氧廓线），以及云、大气痕量气体成分、射出长波辐射等大气物理状态探测。观测时间采用协调世界时日期，数据存储格式为 HDF5。其数据集包括两部分，一是 HDF 全局文件属性；二是科学数据集，其包括 14 个通道图像数据层（NOM）、14 个通道定标表（CAL）、每行观测时间（NOMObsTime）、每行观测起止位置（NOMObsColumn）、L0 质量标识（L0QualityFlag）、定位质量标识（PosQualityFlag）、定标质量标识（CalQualityFlag）等。

6.3.1.2 站点实测数据

用于日间和夜间海雾识别结果的实测站点的黄渤海实测站点能见度数据，主要分布在海上和沿岸实测能见度站点，时间分辨率为 1 h，时间范围是 2018—2020 年，时间为世界时。其中站点基本气象要素包括气压、海平面气压、3 h 变压、24 h 变压、气温、24 h 变温、露点温度、相对湿度、水汽压、1 h 雨量、风向、风速、1 min 平均能见度、10 min 平均能见度、最小水平能见度、最小水平能见度出现时间、水平能见度。

采用某时刻 1 min 内平均水平能见度，可认为是最接近影像获取时刻的数据，单位为米。大气能见度是反映大气透明度的一个指标，定义为一个具有正常视力的人在当时天气条件下还能够看清楚目标轮廓的最大地面水平距离，表 6.2 为大雾能见度等级。当出现降雨、降雪、雾、霾等天气现象时，大气透明度较低，能见度较差，将筛选与识别结果同时刻的水平能见度小于或等于 2 km 的站点作为验证依据。

表6.2　能见度等级

等级	气象视程(km)	能见度状况	可能会出现的天气现象
0	<0.05	能见度低劣	浓雾
1	0.05~0.2		浓雾或暴雪
2	0.2~0.5		大雾或大雪
3	0.5~1	能见度不良	雾或中雪
4	1~2		轻雾或暴雨
5	2~4	能见度中等	小雪、大雨、轻雾、霾
6	4~10		中雨、小雪、轻雾、轻霾
7	10~20	能见度良好	小雨
8	20~50	能见度良好	无降水
9	≥50	能见度良好	空气澄明

6.3.1.3　数据预处理

数据的预处理包括FY-4A标称数据提取、投影转换和陆地掩模。

FY-4A卫星标称数据的灰度像素值为定标表的索引值,将图像的灰度值作为索引值获取每个波段定标表的亮温或反射率数据。由于需要全圆盘数据中截取部分数据范围进行研究,通过公式实现对标称上行列号和经纬度的转换。FY-4A卫星采用世界气象卫星协作组织全球规范定义的静止轨道标称投影,地理坐标基于WGS84参考椭球计算得到。

投影转换是一种将地图投影点的坐标变换为另一种地图投影点坐标的过程。根据特定的经纬度范围和网格大小,将全圆盘标称图像数据通过最临近插值方法转换成经纬度网格数据。研究范围是32°~43°N,117°~123°E,设定每个格点经纬度为0.025°。掩膜处理将掩模二值图像(二值图像,陆地为0,海洋为1)叠加原始影像,得到相同大小只保留海洋区域,将陆地部分剔除。以2019年6月4日00:15(UTC)为例,图6.1是经过数据预处理过程和掩模之后的可见光0.65 μm通道和近红外1.61 μm通道的影像图。

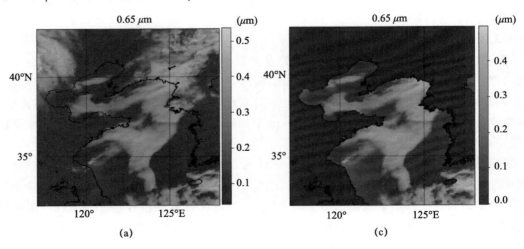

(a)　　　　　　　　　　　　　　　(c)

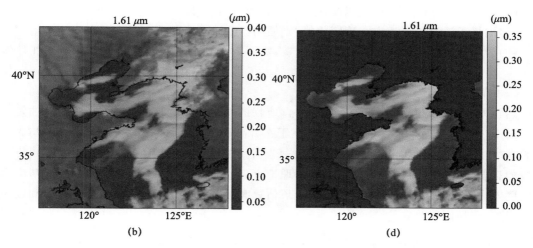

图 6.1　2019 年 6 月 4 日 00:15(UTC)0.65 μm 和 1.61 μm 通道预处理结果
(a,b)和掩模结果(c,d)

6.3.2　研究方法

6.3.2.1　基于卫星的日间海雾算法介绍

1. 晴空海面与云雾区区分

大部分云雾与晴空地表分离检测算法以基于可见光波段反射率差异的阈值检测算法为主。在运用可见光影像数据进行不同时区云雾与晴空地表分离检测时,最困难的问题是分离检测阈值选取的不确定性。这对基于遥感影像云雾与晴空地表分离检测算法的普适性具有一定阻碍。云地分离技术主要有三类:阈值法、聚类分析、人工神经网络。其中阈值法是相对成熟、易于实现的一种方法。动态阈值云检测算法是一种利用遥感图像某一波段直方图变化情况动态获取云地分离阈值的云检测算法[7]。其主要思想是:在像素矩阵的直方图上,地表峰值靠近云一侧的直方图曲线斜率变化率最大的地方,比直方图的谷底更适合作为区分云区和下垫面的阈值。对于复杂背景下目标识别,比如陆地地表特性相差较大,陆地特征在直方图上表现为多个峰值,不利于准确地确定动态阈值。而海洋由于下垫面(晴空海面)物理性质较接近,在进行直方图统计时,峰的曲线较平滑,因此较容易确定阈值。以下是应用 FY-4A 卫星数据中近红外 1.61 μm 波段作为动态阈值提取的数据。

动态阈值算法步骤如下。

(1)创建 1.61 μm 通道的影像灰度直方图。

(2)用较大的间距对直方图进行粗平滑,以屏蔽一部分地物峰(若是热红外波段,则是最后一个峰)的大概位置(平滑的原因是影像本身的复杂性或"噪声"的干扰,直方图中常会出现一些符合谷点和峰点特征的随机干扰点,在自动检测谷点和峰点之前必须采取一定措施消除这些干扰点)。

(3)用较小的间距对直方图进行细平滑,在上一步确定的位置附近寻找最大峰值作为地物峰所在位置。

(4)对平滑后的直方图进行二次差分(反映了直方图斜率的变化率),在地物峰值点附近寻找二次差分的峰值点,即选取原直方图的斜率最大变率处灰度为阈值。对于反演波段,应在大于灰度频率峰值点的区间中寻找;对于热红外波段,应在小于地物峰值点的区间中寻找。为了防止阈值过于接近峰值点,应从以峰值点为中心两倍间距外的区域中进行搜索。

(5)如果无法通过上述方法确定阈值,则使用二分法求出阈值。

(6)像素值小于阈值的像素为地物像素,大于阈值的像素为云雾像素,对于热红外波段反之。

2. 中高云区分

热红外通道接收的辐射能量大部分来自地物的热辐射,而且云雾在远红外通道的发射率近似为1。区分中高云、低云与雾的关键在于三者高度不同,所显示的亮温不同。平均大气温度直减率 $\gamma=0.65$ ℃/(100 m),表明高度每上升100 m,温度会下降0.65 ℃,因此,可以将该波段的亮温值近似为目标地物顶部温度。理论上,利用雾顶亮温与对应位置的底层晴空海面的温度差,可求解出云雾所在高度,通过云顶估算高度分离出中高云,需要晴空海表和云雾区的亮温差,云顶高度公式为:

$$H_{fog}=\frac{BT_{sea}(10.7\ \mu m)-BT_{cloud}(10.7\ \mu m)}{0.65}\times100 \tag{6-1}$$

其中,$BT_{sea}(10.7\ \mu m)$为动态阈值算法得到筛选后的云雾区底层海面的亮温估值;$BT_{cloud}(10.7\ \mu m)$为云雾顶亮温值对于获取云雾遮挡的底层海面亮温。

由于不同地区纬度不同,无法得到一致的底层海面温度,理论上,如何获得云覆盖的晴空海面的亮温是个难点,所以将影像上云雾像素同纬度自动寻找晴空海面求取平均值代替该像素底层海面温度,如遇到研究区全云雾覆盖情况,则取前后1 d同时刻影像同纬度获取晴空海面亮温均值。由于低云与雾的高度接近海表,所以将H_{fog}大于2000 m的像素归为中高云,筛选出不符合条件的像素将其归类到中高云,小于或等于2000 m的像素归为可能的雾区。

3. 低云与雾区分

(1)NDSI区分

NDSI是衡量可见光和短波红外之间的反射率差异的相对幅度指标,一般用于提取积雪信息。而对于海雾和低云来说,由于粗糙度不同,可见光波段(0.65 μm)可用于区分二者;短波红外波段(1.61 μm)对于雪或冰云是不反射的,可用于区分海雾与冰云[8]。利用NDSI进行低云和海雾的初步区分:

$$NDSI=\frac{R_{0.65\ \mu m}-R_{1.61\ \mu m}}{R_{0.65\ \mu m}+R_{1.61\ \mu m}} \tag{6-2}$$

其中,$R_{0.65\ \mu m}$和$R_{1.61\ \mu m}$分别代表0.65 μm和1.61 μm的反射率值。

(2)灰度共生矩阵特征量阈值筛选

由于云雾在粒子尺度、粒子密度、高度等物理性质方面存在差别,在图像上表现出不同的纹理特征。纹理作为一种非光谱特征对于图像识别分类有辅助作用。雾顶顶部光滑且质地均一,边界呈轮廓整齐清晰的特点,而云层高低起伏,纹理并不均匀。灰度共生矩阵是一种通过研究灰度的空间相关特性来描述纹理的常用方法,即通过两个相关像素点灰度值关系出现的频率分布规律来对已有图像进行多角度分析,其方法广泛应用于图像分类。

灰度共生矩阵的基本原理以图6.2为例,A中(1,1)点对应的GLCM(1,1)值为1,说明只有一对灰度为1的像素水平相邻,GLCM(1,2)值为2是因为两对灰度为1和2的像素水平相邻。共生矩阵实质为像素值相同或接近的像素之间的分布情况。对于其他特征量,基于以上基础运算得到。灰度共生矩阵步骤为:确定图像的灰度级数$n\times n$;确定矩阵阶数n;确定方向和步长;按照给定方法统计邻近像素点对的像素对的频数;将频数转换为频度即概率。

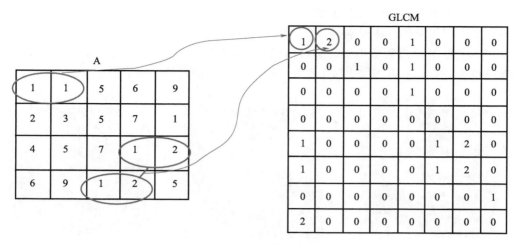

图 6.2　灰度共生矩阵示意图

在 14 个纹理特征量中,仅有 4 个特征是相互独立的,即相关性、对比度、同质性和能量。相关性即显示元素在行和列方向上的相似程度。值的大小反映局部灰度相关性,值越大,相关性越大,取值范围为[-1,1]。灰度一致的图像,相关性为空值[9]。

$$\mathrm{COR} = \sum_{i,j} \frac{(i-\mu)(j-\mu)p(i,j)}{\sigma^2} \tag{6-3}$$

其中,i,j 为像素对的灰度值;$p(i,j)$ 为归一化共生矩阵;μ,σ 分别为灰度的均值、标准差。

对比度即显示图像所具有信息量的随机性度量,显示图像的清晰度和纹理的沟纹深浅。纹理的沟纹越深,反差越大,效果越清晰。令矩阵行数为 n,取值范围$[0,(n-1)^2]$,灰度一致的图像,对比度为 0。

$$\mathrm{CON} = \sum_{i,j} |i-j|^2 p(i,j) \tag{6-4}$$

其中,i,j 为像素对的灰度值;$p(i,j)$ 为归一化共生矩阵。

同质性即显示图像纹理局部变化。纹理清晰,规则性较强,值越大,取值范围[-1,1]。

$$\mathrm{HOM} = \sum_{i,j} p(i,j)^2 \tag{6-5}$$

其中,i,j 为像素对的灰度值;$p(i,j)$ 为归一化共生矩阵。

能量即显示图像中纹理的非均匀程度或复杂程度。它表明一种较均一和规则变化的纹理模式,当图像纹理较细致、灰度分布均匀时,能量值较大,取值范围[0,1],灰度一致的图像能量为 1。

$$\mathrm{ASM} = \sum_{i,j} \frac{p(i,j)}{1+|i-j|} \tag{6-6}$$

其中,i,j 为像素对的灰度值;$p(i,j)$ 为归一化共生矩阵。

应用上述四个特征量对低云和海雾进一步区分,首先将上一步提取出的识别结果,形成掩模数据并叠加进可见光(0.65 μm)波段数据,将图像灰度级量化至 16 级,选定步长为 1,方向 θ 会生成 4 个方向(0°、45°、90°、135°),选取 4 个方向灰度共生矩阵的平均值作为局部影像中心像素位置的特征值,采用 3×3 窗口遍历计算窗口内对应的纹理特征值,得到与原影像图相同尺寸的纹理特征图。利用 22425 个海雾样本点和 22657 个低云样本点测得的灰度共生矩阵特征值,并结合提取海雾时应保持均一性、完整性原则,选定同质性、能量、相关性和对比度阈值分别为 0.6、0.4、-0.3、40,前三者大于该阈值则可能为海雾;小于该阈值则为低云,对比度则相反。将上一步不符合条件像素叠加结果图并筛除。

图6.3为利用上述算法识别的2018年6月4日00:15(UTC)的对应步骤识别结果,图6.3a为利用近红外动态阈值识别云雾区的结果,图6.3b为利用热红外通道区分中高云和低云与雾的结果,图6.3c为NDSI和灰度共生矩阵特征量识别低云与雾的结果。

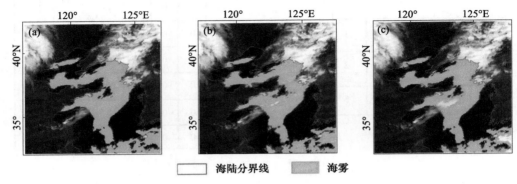

图6.3 近红外动态阈值(a)、中高云区分(b)和低云(c)识别结果图

6.3.2.2 基于卫星的夜间海雾算法介绍

由于应用不同的卫星数据、不同的通道以及不同的时间,双通道差值的阈值是不固定的,所以应用双通道动态阈值方法识别夜间海雾。所使用的双通道差值是将FY-4A卫星数据中通道7(3.75 μm)和通道12(10.7 μm)求差值,得到双通道亮温差,即:

$$BTD_{3.75-10.7}=BT_{3.75}-BT_{10.7} \tag{6-7}$$

其中,$BT_{3.75}$和$BT_{10.7}$分别为3.75 μm和10.7 μm通道的亮度温度。

双通道差值动态阈值识别海雾步骤如下:

(1)计算双通道差值(3.75 μm和10.7 μm);

(2)建立影像频率直方图;

(3)直方图平滑处理;

(4)查找频率直方图的极小值;

(5)若BTD小于该极小值,则有可能为海雾像素;

(6)对于噪声较大的影像数据,进行影像滤波,减少零碎点。

对于具体算法流程,以黄渤海区域2020年4月29日一次海雾案例中的夜间8个连续时刻进行说明。图6.4~图6.11分别为2020年4月29日11:00—18:00每时的红外影像图与BTD频率分布直方图。图6.4a为2020年4月29日红外波段影像图,在渤海东北部出现云雾,海上区域并没有云雾发生,建立该时刻的双通道差值平滑后的频率分布直方图(图6.4b),明显看出,只有一个波峰,并不存在极小值点,并不存在海雾现象,与真实影像对应正确。2020年4月29日12:00出现海雾,图6.5a显示黄海中部出现"圆点",在对应的直方图(图6.5b)中出现较不明显的两个波峰,箭头所指为BTD阈值。从2020年4月29日13:00开始,BTD频率分布直方图两个波峰逐渐明显,极小值点在两个波峰之间的波谷位置,如箭头所示(图6.6~图6.10)。图6.11显示,2020年4月29日18:00的BTD频率分布直方图中两个波峰之间的高度逐渐缩小,极小值点更明显,间接说明海雾在红外影像上较明显区别,间接说明海雾在此时刻已经发展成熟,在影像中也较易被发现。如果识别结果噪声较多,可以使用影像滤波滤除零碎像素点。

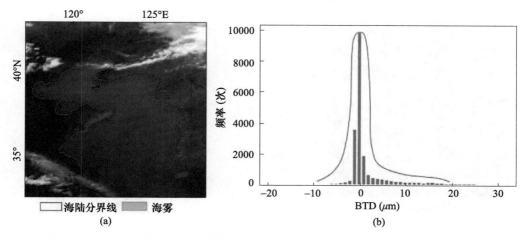

图 6.4　2020 年 4 月 29 日 11:00(UTC)的识别结果图(a)与 BTD 频率分布直方图(b)

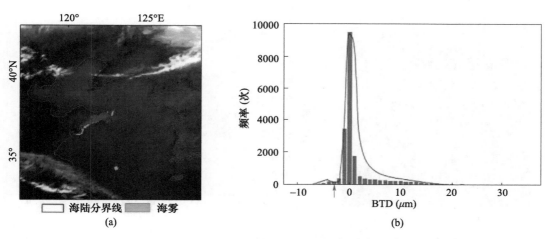

图 6.5　2020 年 4 月 29 日 12:00(UTC)的识别结果图(a)与 BTD 频率分布直方图(b)

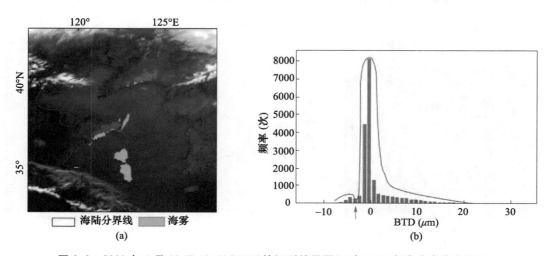

图 6.6　2020 年 4 月 29 日 13:00(UTC)的识别结果图(a)与 BTD 频率分布直方图(b)

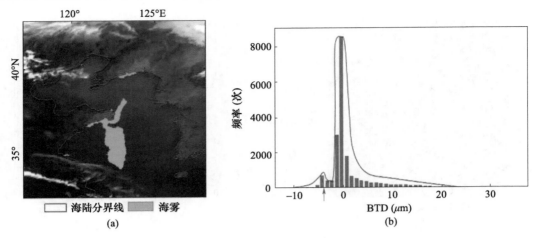

图 6.7 2020 年 4 月 29 日 14:00(UTC)的识别结果图(a)与 BTD 频率分布直方图(b)

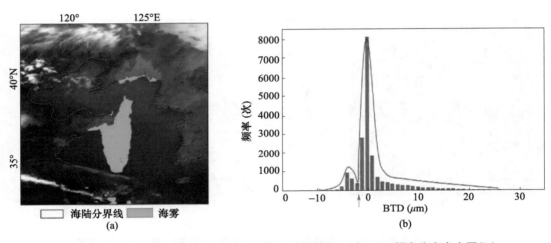

图 6.8 2020 年 4 月 29 日 15:00(UTC)的识别结果图(a)与 BTD 频率分布直方图(b)

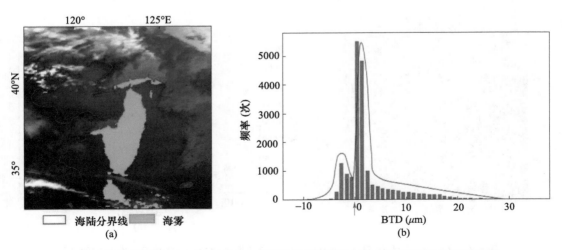

图 6.9 2020 年 4 月 29 日 16:00(UTC)的识别结果图(a)与 BTD 频率分布直方图(b)

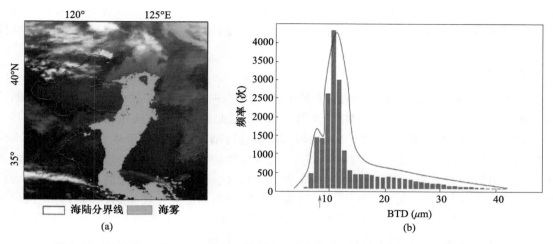

图 6.10　2020 年 4 月 29 日 17:00(UTC)的识别结果图(a)与 BTD 频率分布直方图(b)

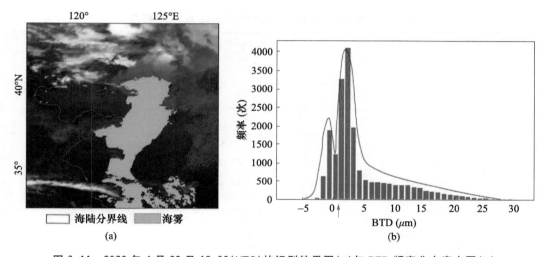

图 6.11　2020 年 4 月 29 日 18:00(UTC)的识别结果图(a)与 BTD 频率分布直方图(b)

6.4　算法验证

6.4.1　验证算法

检测雾识别精度采用三种评定指标判定[10],包括检测率(POD)、误报率(FAR)和临近成功指数(CSI):

$$POD = \frac{H}{H+N} \tag{6-8}$$

$$FAR = \frac{F}{F+N} \tag{6-9}$$

$$CSI = \frac{H}{H+M+F} \tag{6-10}$$

其中,H 为识别结果与实测站点数据都为雾的事件个数;N 为实测站点有雾且识别结果无雾的事件个数;F 为实测站点无雾,而识别结果有雾的事件个数;M 为二者都无雾的事件个数。

6.4.2 验证结果

根据 FY-4A 卫星数据识别到的海雾结果,利用对应时刻的黄渤海沿岸能见度实测观测站数据进行精度检验。由于站点分布在黄渤海沿岸,因此,选取发生在黄渤海沿海的 2019—2020 年 7 次白天海雾事件中的 20 个时次海雾实例进行精度验证。基于本算法得到的白天海雾识别结果的检出率为 92%,误判率为 27%,绝对成功指数为 69%(表 6.3)。根据公布的黄渤海区域沿海及海上的夜间海雾事件,选取 2020 年 5 次夜间海雾案例中的 38 个时刻与对应时刻实测站点进行验证,如表 6.4 所示。得到的与实测站点能见度验证的夜间海雾识别检出率为 82%,误判率为 29%,绝对成功指数为 62%,相比于白天海雾精度识别检出率较低,误判率与绝对成功指数相当。由于夜间识别所应用的波段局限于中红外与热红外,另外,发生大雾事件情况复杂,会有中高云遮挡情况,会造成一定程度的误判。

表 6.3 2019—2020 年分时次实测站点监测精度

日期(年-月-日)	时次(UTC)	POD	FAR	CSI
2019-1-12	01:00	0.86	0.29	0.63
2019-1-13	01:00	0.83	0.31	0.60
2019-1-13	02:00	0.84	0.34	0.58
2019-1-13	02:45	0.84	0.42	0.52
2019-1-13	03:14	0.79	0.42	0.50
2019-1-14	00:00	0.73	0.08	0.69
2019-4-24	00:00	0.93	0.41	0.57
2019-6-3	23:00	1.00	0.33	0.67
2019-6-4	00:00	0.90	0.36	0.60
2019-6-4	00:15	0.90	0.31	0.64
2019-6-4	01:30	1.00	0.38	0.62
2020-3-8	00:00	1.00	0.10	0.90
2020-3-8	00:15	1.00	0.10	0.90
2020-3-8	01:00	0.96	0.14	0.83
2020-3-8	02:00	1.00	0.19	0.81
2020-3-8	02:45	1.00	0.31	0.69
2020-3-8	03:00	1.00	0.25	0.74
2020-3-8	03:15	0.95	0.24	0.73

日期(年-月-日)	时次(UTC)	POD	FAR	CSI
2020-3-8	04:00	0.95	0.14	0.83
2020-6-11	00:00	0.87	0.24	0.68
平均值	—	0.92	0.27	0.69

表 6.4　2020 年分时次实测站点监测精度

日期(年-月-日)	时次(UTC)	POD	FAR	CSI
2020-2-24	11:00	1.00	0.08	0.92
2020-2-24	12:00	1.00	0.23	0.77
2020-2-24	13:00	0.90	0.29	0.68
2020-2-24	14:00	0.90	0.21	0.73
2020-2-24	15:00	0.73	0.30	0.55
2020-2-24	17:00	0.67	0.50	0.40
2020-3-8	11:00	0.86	0.27	0.66
2020-3-8	13:00	0.71	0.23	0.59
2020-3-8	14:00	0.64	0.30	0.50
2020-3-8	15:00	0.80	0.13	0.71
2020-3-8	16:00	0.75	0.18	0.64
2020-3-8	17:00	0.80	0.20	0.67
2020-3-8	18:00	0.92	0.14	0.80
2020-5-2	18:00	0.76	0.43	0.48
2020-5-2	19:00	0.79	0.35	0.56
2020-5-2	20:00	0.86	0.24	0.68
2020-5-2	21:00	0.84	0.16	0.72
2020-5-15	17:00	0.86	0.45	0.50
2020-5-15	19:00	0.89	0.15	0.77
2020-5-15	20:00	0.63	0.47	0.40
2020-5-15	21:00	0.89	0.29	0.65
2020-5-15	22:00	0.90	0.27	0.68
2020-5-15	23:00	0.72	0.41	0.48
2020-5-16	18:00	0.63	0.47	0.40

日期(年-月-日)	时次(UTC)	POD	FAR	CSI
2020-5-16	19:00	0.79	0.29	0.60
2020-5-16	20:00	0.83	0.38	0.56
2020-5-16	21:00	0.95	0.25	0.72
2020-5-16	22:00	0.86	0.28	0.64
2020-5-16	23:00	0.75	0.35	0.54
2020-5-22	11:00	0.76	0.19	0.65
2020-5-22	12:00	0.89	0.30	0.64
2020-5-22	13:00	0.87	0.33	0.61
2020-5-22	14:00	0.88	0.32	0.63
2020-5-22	15:00	0.88	0.29	0.65
2020-5-22	16:00	0.94	0.21	0.75
2020-5-22	17:00	0.89	0.29	0.65
2020-5-22	18:00	0.79	0.40	0.52
2020-5-22	19:00	0.78	0.53	0.41
平均值	—	0.82	0.29	0.62

6.5　黄渤海区域海雾天气观测个例应用

6.5.1　日间黄渤海海雾天气个例

图 6.12 为黄渤海区域三个日间时段(2018 年 3 月 14 日 00:00(UTC)、2018 年 3 月 29 日 05:00(UTC)和 2019 年 6 月 4 日 00:15(UTC))的海雾识别图。三个时刻的反演结果与同时次影像观测到的雾区形状大致吻合,纹理均一平滑。2018 年 3 月 14 日 00:00 雾区处于黄渤海中部,黄海南部的西南侧存在纹理不规则云区;2018 年 3 月 29 日 05:00 雾区处于黄海中南部;2019 年 6 月 4 日 00:15 雾区呈不规则状分布于黄渤海海域。

图 6.13 为 2019 年 6 月 4 日 08:00—11:00(北京时,BJT)发生在黄渤海中部区域的一次海雾事件的 3 个时次,分布于大部分海域上方并呈稳定维持状态。图 6.14 为 2019 年 3 月 26 日发生在黄渤海东部地区的一次海雾过程识别结果(08:00—16:00(BJT,逐小时))。本次海雾过程整体一直稳定存在于黄海北部并沿着朝鲜半岛分布。随着时间的推进,海雾整体逐渐聚拢,北部沿岸海雾逐渐消解,海雾从北向南退缩。接近黄昏,由于大气低层水汽的增多,在黄海西部沿岸和渤海北部逐渐出现积状云并逐渐往东移动。该海雾变化过程,符合海雾自身的生成、一定时间维持、移动和逐渐消亡的特点。

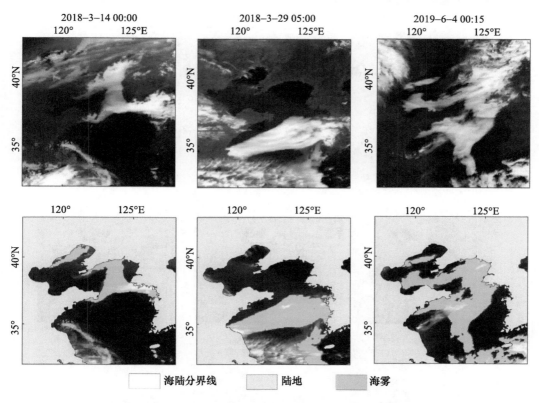

图 6.12　黄渤海区域不同时刻影像与对应的海雾识别图

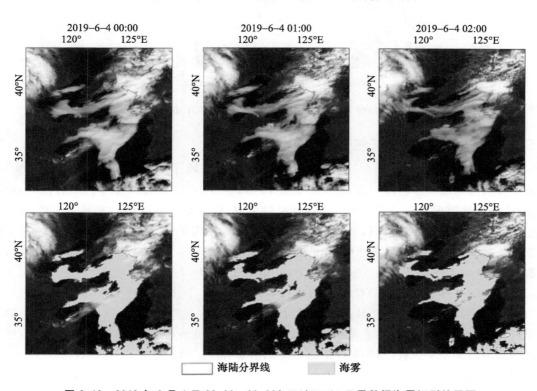

图 6.13　2019 年 6 月 4 日 00:00—03:00(UTC)FY-4A 卫星数据海雾识别结果图

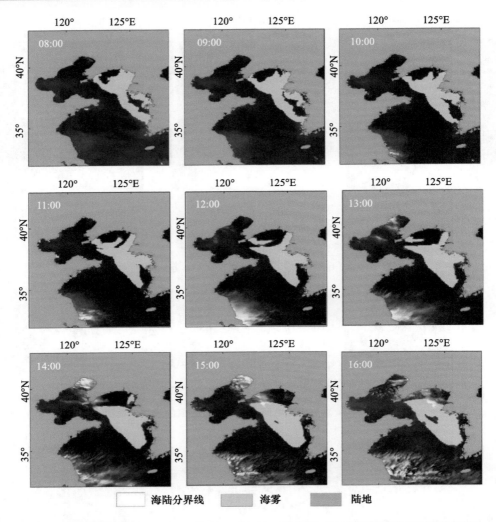

图 6.14　黄渤海区域 2019 年 3 月 26 日 08：00—16：00(BJT)日间海雾动态监测结果图

6.5.2　夜间黄渤海海雾天气个例

　　2020 年 4 月 29 日夜间到 5 月 6 日上午,黄海大部分海域、渤海、渤海海峡、东海北部海域、浙闽东部沿岸海域相继出现大雾,最低能见度 0。其中,4 月 29 日夜间至 5 月 2 日白天,黄海大部、东海北部出现大雾,5 月 2 日白天大雾范围北缩,仅黄海北部有大雾,最低能见度 100 m。5 月 2 日夜间至 5 月 6 日早间,黄海、渤海海峡、渤海、东海北部、浙闽东部沿岸海域又出现大范围大雾天气,渤海最低能见度 0 m,黄海最低能见度 100 m。基于这一次海雾案例,分别选取 2020 年 4 月 29 日 11：00—19：00、2020 年 4 月 30 日 11：00—13：00 和 2020 年 5 月 1 日 11：00—13：00 三个时间段(UTC)进行遥感夜间海雾识别。

　　图 6.15 为黄渤海 4 月 29 日一个海雾时间段三个时刻(UTC)的 3.75 μm 影像图与识别结果对比图,由于夜间没有可见光通道,采用 3.75 μm 通道展示影像,从图中可以看出,红框标出的即为海雾发生位置,与相对应的海雾识别结果对应正确。

　　图 6.16 为 2020 年 4 月 30 日 11：00—13：00、2020 年 5 月 1 日 11：00—13：00 六个时刻(UTC)的海雾识别结果图,2020 年 5 月 1 日 11：00—13：00 海雾出现在黄海北部沿着朝鲜半岛分

布,面积逐渐减小,海雾逐渐沿岸消散;2020 年 4 月 30 日 11:00—13:00 海雾出现在黄海大部分区域,呈块状分布,面积较大,并沿着朝鲜半岛分布,到 13:00 面积略有缩小,但处于稳定维持状态。

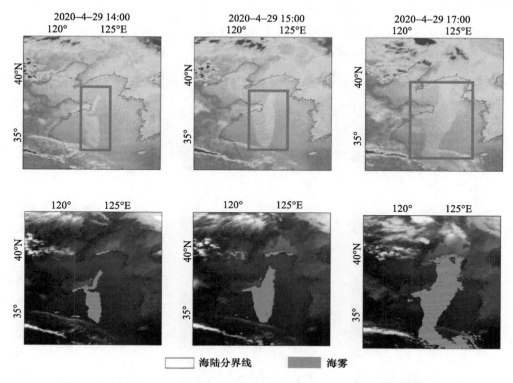

图 6.15　2020 年 4 月 29 日三个时刻(UTC)的 3.75 μm 影像图与识别结果图

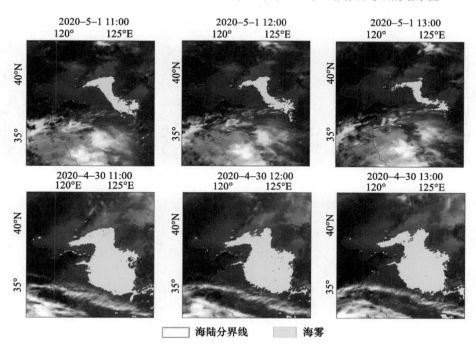

图 6.16　2020 年 4 月 30 日 11:00—13:00、2020 年 5 月 1 日 11:00—

13:00 六个时刻(UTC)的海雾案例识别结果图

　　图 6.17 为黄渤海区域 2020 年 4 月 29 日 11:00—19:00 每间隔 1 h 的海雾识别结果,11:00 监测区域并没有海雾发生,12:00 黄海中部开始出现一个"圆点",随后海雾面积逐渐扩大,识别的 13:00 结果显示其在黄海北部沿着山东半岛呈条状分布,随后海雾往南北方向发展,面积逐渐扩大到整个黄海区域,16:00—19:00 海雾主体稳定形成。选取的 11:00—19:00 过程符合海雾从逐渐生成,到趋于稳定的动态形成过程。

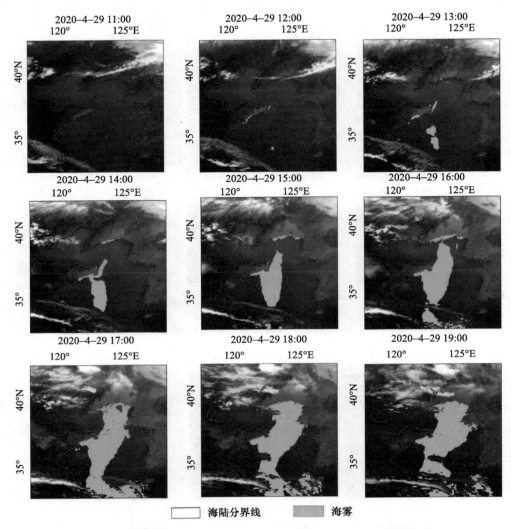

图 6.17　黄渤海区域 2020 年 4 月 29 日 11:00—19:00(UTC)夜间海雾动态监测结果图

参考文献

[1] 陈贵学,王超,侯松虎,等.青岛港海上交通事故分析及对策[J].中国水运:下半月,2011, (12):3.

[2] 侯松虎.青岛港通航环境安全分析研究[D].大连:大连海事大学,2011.

[3] 张苏平,鲍献文. 近十年中国海雾研究进展[J]. 中国海洋大学学报(自然科学版),2008,(3):359-366.

[4] Xu L. Retrieval of fog microphysical parameters from NOAA AVHRR data[D]. Reno:University of Nevada,1995.

[5] 刘健,许健民,方宗义. 利用 NOAA 卫星的 AVHRR 资料试分析云和雾顶部粒子的尺度特征[J]. 应用气象学报,1999,10(1):6.

[6] 陈韩,谢涛,方贺,等. 基于 SAR 极化比和纹理特征的海面溢油识别方法[J]. 海洋学报,2019(9):10.

[7] Vittorio A,Emery W J. An automated,dynamic threshold cloud-masking algorithm for daytime AVHRR images over land[J]. IEEE Transactions on Geoscience and Remote Sensing,2002,40(8):1682-1694.

[8] 衣立. 基于 MODIS 卫星资料海雾反演及适用性分析[D]. 青岛:中国海洋大学,2011.

[9] 侯群群,王飞,严丽. 基于灰度共生矩阵的彩色遥感图像纹理特征提取[J]. 国土资源遥感,2013,25(4):26-32.

[10] Cermak J,Bendix J. A novel approach to fog/low stratus detection using Meteosat 8 data[J]. Atmospheric Research,2008,87(3-4):279-292.

第 7 章　海上强对流卫星观测应用技术

7.1　引言

我国幅员辽阔,不仅拥有广阔的陆地领域,更拥有渤海、黄海、东海、南海四大海域。随着社会进步发展,海上交通日益繁忙,而对海上船只航行和飞机飞行影响最大的就是气象因素,尤其是能带来灾害性天气的中尺度对流系统,因此,迫切需要加强海上强对流天气的研究,提高气象海洋保障能力。

强对流天气发生的水平范围在十几千米至二三百千米,有的只有几十米至十几千米;其生命史短暂并带有明显的突发性,为一小时至十几小时,较短的仅有几分钟至一小时,因此利用常规气象观测资料很难有效监测及跟踪。而在短时预报和临近预报中,强对流云团的识别、追踪和预报是一项重要内容,这种云团所产生的灾害性天气是各种气象灾害中频率最高、危害最严重、预报难度最大的。静止气象卫星能够进行全天候观测,资料的覆盖范围约占地球表面积的四分之一,可监测天气系统的发生发展,尤其在海洋、沙漠等资料稀少的地区,它表现出无可替代的优越性。静止气象卫星是唯一能够对天气尺度、中尺度到积云尺度的各种云系演变进行全天候同步观测的空间平台,已成为监测暴雨、强对流等天气系统发生、发展及制作天气预报不可缺少的重要工具。

在对强对流云团的研究中,人们更关心的是在卫星云图中如何尽早、准确地识别强对流云团并对云团的移动和发展进行预报,它可以帮助我们在一定程度上减轻和避免强对流天气带来的危害。本算法实现了利用红外通道亮温数据,采用有效的计算机自动识别算法,进行逐时次中尺度对流系统自动识别的功能,同时输出云团参数与预警结果。

7.2　研究资料

海上强对流产品生成算法需要利用多种卫星资料进行海上强对流识别、追踪,并结合地面气象站点资料,生成海上强对流监测预警相关产品。主要通过高频次 FY-4 卫星 L1 级实时数据和与海洋强对流相关的 L2 级产品,并结合其他数据,经过主观和客观相结合的方法,实现海上强对流的判识,并计算强对流的预警因子,实现海上强对流云区的自动识别,并跟踪云团,通过外推法进行预警。

本算法分为以下五个部分:多源卫星数据的融合处理、海上强对流云团的识别与追踪、海上强对流云团的判识与分类、海上强对流云团参数提取、海上强对流预警。

所使用的数据资料如下。

(1)FY-4 AGRI L1 级实时数据。L2 级产品:云相态 CLP、云类型 CLT、云顶温度 CTT、云顶高度 CTH。

(2)葵花 8 号 L1 级实时数据。L2 级产品:云参数 CLP。

7.3　基于卫星资料的强对流云团监测预警原理

7.3.1　多源卫星数据融合

此部分实现了多源卫星资料的数据融合,包括 FY-4 卫星红外通道数据、FY-4 卫星云顶参数数据、葵花 8 号卫星红外通道数据、葵花 8 号云参数产品数据。使用多源资料可以最大程度上弥补单一数据源可能出现的缺测问题,但不同数据的观测时间、覆盖范围、投影方式、时间和空间分辨率等都有可能出现差异,所以需要首先进行数据融合的预处理。具体流程如图 7.1 所示。

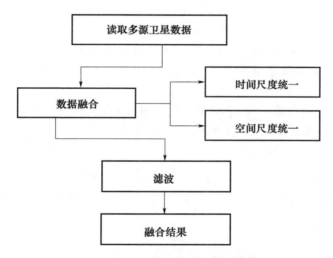

图 7.1　多源卫星数据融合处理流程图

根据输入时次提取对应的 FY-4 全圆盘数据,当该时次全圆盘缺测时,则提取中国区域数据;当该时次中国区域数据也缺测时,提取葵花 8 号数据。对提取的数据进行预处理,根据输入的研究范围与分辨率,对数据进行裁切与投影转换,统一空间分辨率与观测范围。检测经过预处理后的影像是否存在缺测,如果存在则以葵花 8 号数据填充。最后对处理完的数据进行滤波,剔除噪声点。

FY-4A NOM(本方法中使用的 FY-4A 输入数据均为 NOM)为标称投影,H8 数据(葵花 8 号数据)为等经纬度投影,这里为方便后续处理,将 FY-4A 数据投影方式转为等经纬度投影。本方法中的投影转换将使用反比距离权重法对空值点进行插值,具体方法如下。

假设 $L_s(x,y)$ 表示卫星云图中点 (x,y) 处的值,$L_p(c,l)$ 表示待求的投影图像中点 (c,l) 处的值,这两点的坐标满足:

$$x=g_1(\lambda,\varphi)\quad y=g_2(\lambda,\varphi)$$

(7-1)

$$c = f_1(\lambda, \varphi) \quad l = f_2(\lambda, \varphi) \tag{7-2}$$

其中,λ 和 φ 表示地理经纬度;g_1, g_2 和 f_1, f_2 由具体的投影方式所决定。

因此,原始卫星云图的投影转换可以表示为:

$$L_p(c, l) = G(\lambda, \varphi) = L_s(g_1(\lambda, \varphi), g_2(\lambda, \varphi)) = L_s(x, y) \tag{7-3}$$

其中,$G(\lambda, \varphi)$ 表示地表 (λ, φ) 处相应的物理量值。图像中各像素与地理经纬度一一对应,因此上式中 g_1, g_2 为已知。

投影转化采用前向映射投影方式,即将投影前的数据点根据投影变换公式映射到投影后的图像坐标中,具体步骤如下。

(1)确定投影变换的地理范围,计算投影后图像的行列数:

$$\mathrm{col} = (\mathrm{lon}_{max} - \mathrm{lon}_{min}) / \mathrm{res} \tag{7-4}$$

$$\mathrm{row} = (\mathrm{lat}_{max} - \mathrm{lat}_{min}) / \mathrm{res} \tag{7-5}$$

其中,col 表示投影后图像列数;row 表示行数;lon_{max} 和 lon_{min} 分别为确定范围内经度最大值和经度最小值;lat_{max} 和 lat_{min} 分别为纬度最大值和纬度最小值;res 表示以度为单位的空间分辨率,文中为 $0.04°$。

(2)将原始云图中每一个像素通过等经纬度投影变换公式映射到投影后的图像中:

$$x = (\mathrm{lon} - \mathrm{lon}_{min}) / \mathrm{res} \tag{7-6}$$

$$y = (\mathrm{lat}_{max} - \mathrm{lat}) / \mathrm{res} \tag{7-7}$$

其中,x, y 表示经纬度为 $(\mathrm{lon}, \mathrm{lat})$ 的点在等经纬度投影图像中的横纵坐标。由于根据上述公式计算得到的坐标可能出现非整数情况,因此,采用与 x, y 最接近的整数作为原始云图中的点在投影图像中的坐标。

(3)对于无有效值填充的区域,采用反比距离加权法进行插值。具体方法如下。

若 P 点的 8 个邻域中有至少 2 个有效值点,则利用这些有效点值内插得到 P 点的值,所用的内插方法为反比距离加权法:

$$z = \sum_{i=1}^{n} w_i z_i \Big/ \sum_{i=1}^{n} w_i \tag{7-8}$$

其中,n 表示用来内插的点的数量;z_i 表示其中第 i 个点的值;w_i 表示该点的权重,其计算公式如下:

$$w_i = 1 / d_i^2 \tag{7-9}$$

其中,d_i 表示待插值点到第 i 个数据点的距离。

若 P 点的 8 个邻域中没有或只有 1 个有效值点,则不作处理。

根据亮温(TBB)的大小可以反映强对流云区的对流强度,云层越厚,对流强度越强,则其亮温值越小。对 FY-4 红外辐射亮温数据通过滤波进行降噪处理,随机噪点采用中值滤波,高斯噪声和均匀分布噪声采用均值滤波。

均值滤波是一种线性滤波算法,其原理是用均值来代替原图中的所选像素值。它以目标像素点为中心的周围 8 个像素点组成一个滤波模板,用模板所有像素点的平均值来代替原来像素值:

$$G(x, y) = 1/n \sum f(x, y) \tag{7-10}$$

其中,$G(x, y)$ 为处理后的图像在目标像素点的灰度个数;n 为模板所包含的像素点总数;$f(x, y)$ 为待处理的像素点。

中值滤波是根据排列统计的原理,将数字图像或者数字序列中的某一点值,用该点的一个邻域中各点值的中值替换的有效抑制噪声的非线性平滑处理技术。由于一般图像在其二维方向具有关联性,故其活动窗口常选为二维窗口(一般为 3×3 和 5×5 的区域,其形状有方形、十字形、圆形等):

$$G(x,y)=med\{f(x-a,y-b),(a,b\in D)\} \tag{7-11}$$

其中,$G(x,y)$ 为处理后的图像;$f(x,y)$ 为初始图像;D 为二维模板。

7.3.2　海上强对流云团的识别与追踪

本模块根据输入的亮温与面积阈值,对融合结果进行二值化处理,并剔除过小面积云团得到强对流云团的初步判识结果,再利用连续时次的结果,通过最大相关系数法,进行云团匹配,如果符合匹配原则,那么可以断定该云团为同一目标云团。主要技术算法流程如图 7.2 所示。

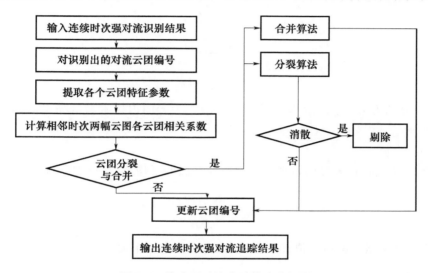

图 7.2　海上强对流追踪算法流程图

1. 图像二值化及边缘检测

根据 TBB 阈值,通过二值化提取出 TBB 低于阈值的范围,利用 Canny 边缘算子提取云团边缘,其梯度阈值选用 0.5。Canny 算子的计算公式为:

$$\nabla^2 f(x,y)=f(x+1,y)+f(x-1,y)+f(x,y+1)+f(x,y-1)-4f(x,y) \tag{7-12}$$

其中,$\nabla^2 f(x,y)$ 表示处理后像素 (x,y) 处的灰度值;$f(x,y)$ 表示具有整数像素坐标的输入图像。

2. 特征参数计算

计算每个时刻每个云团的结构特征参数来确定云团的形状和所处的生命期状态,特征参数包括:云团面积、周长、云团质心位置、最低亮温位置、云团平均亮温、最低亮温以及亮温标准差。对提取出的二值数据通过 8 连通链码(即每个像素周围均有 8 个邻接方位点)算法进行标记,根据 MCS 的判定标准剔除面积小于 6400 km^2,即像素数小于 400 的云团(像素分辨率为 4 km×4 km),最后剔除椭圆率小于 0.2 的云团(相关阈值条件见表 7.1)。

(1)云团质心

$$x_0=\dfrac{\sum\limits_{i=1}^{n}x_i T_i}{\sum\limits_{i=1}^{n}T_i} \tag{7-13}$$

$$y_0 = \frac{\sum\limits_{i=1}^{n} y_i T_i}{\sum\limits_{i=1}^{n} T_i} \tag{7-14}$$

其中，x_0 和 y_0 为云团质心坐标；x_i 和 y_i 分别为第 i 个像素的经度和纬度；T_i 为第 i 个像素的黑体亮度温度(TBB)的值；n 为该云团包含的像素个数。

（2）最低亮温位置

$$x_{T\min} = \frac{\sum\limits_{i=1}^{n} x_i T_{\min i}}{\sum\limits_{i=1}^{n} T_{\min i}} \tag{7-15}$$

$$y_{T\min} = \frac{\sum\limits_{i=1}^{n} y_i T_{\min i}}{\sum\limits_{i=1}^{n} T_{\min i}} \tag{7-16}$$

其中，x_i 和 y_i 分别为第 i 个像素的经度和纬度；$T_{\min}$ 为云团内像素最低亮温值；n 为亮温值为 $T_{\min}$ 的像素个数。

（3）平均亮温值

平均亮温值 $\overline{P}$ 是目标云区内每个像素点对应亮温的平均值，用以判定目标云区的强度：

$$\overline{P} = \frac{\sum\limits_{i=1}^{N} f(i)}{N} \tag{7-17}$$

其中，$f(i)$ 为每个像素点的亮温值；N 为该云团内的像素点个数。

（4）特征面积

目标云团包含的像素点总数为该云团的特征面积，其用于衡量目标云区的范围大小和强度。依据前文的标记结果，并利用下式计算各个云团的特征面积：

$$S = \sum\limits_{i,j=1}^{n} S_{i,j} \tag{7-18}$$

其中，$S_{i,j}$ 为像素面积。

由于分辨率为 4 km，即每个像素面积 16 km²，而经过投影转换后云图变为 0.04°×0.04°，同经度下，纬度每度约 111 km；同纬度下，经度每度约 111×cos(lat)km，则面积求算修正为：

$$S = n \times 4.4 \times 4.4 \times \cos(\text{lat0}) \tag{7-19}$$

其中，n 为该云团包含的像素个数；lat0 为该云团几何中心的纬度值。

（5）云团周长

$$L = N \tag{7-20}$$

其中，N 为边界点个数。

（6）云团亮温标准差

云团亮温标准差 σ_T 反映了云团的密集和扩散程度，计算公式为：

$$\sigma_T = \frac{\sqrt{\sum\limits_{i=1}^{N} (T_i - \overline{T})^2}}{N} \tag{7-21}$$

其中，N 为云团内像素点数量；T_i 为第 i 个像素点的亮温；$\overline{T}$ 为云团平均亮温。

3. 云团追踪

相关系数用来分析两个目标之间的关系密切程度。针对两幅不同时次的连续卫星云图，通过计算两幅云图间云团的相关系数来确定云团下一时刻所在的位置。首先通过亮温阈值和面积阈值识别 t_1 和 t_2（$t_2 = t_1 + \Delta t$，Δt 为两幅云图的时间间隔）时刻云图内所有的对流云团，云团数分别为 M 和 N。

求最大交叉相关系数的具体过程如下。

第一步：在 t_1 时刻卫星云图上，选取第 f 个云团，$1 \leqslant f \leqslant M$，确定其范围为 $m \times n$（m 和 n 分别为以该云团质心 O 为中心的包含整个云团的矩形的经度和纬度方向的像素个数）；然后确定 t_2 时刻云图上的搜索区范围 $T_1 = P \times Q$，为减小计算量，无须整个云图搜索，其大小可以根据云团的移动速度和时间间隔来大致确定。

第二步：分别计算 t_1 时刻云图上的第 f 个云团与 t_2 时刻云图上 T_1 范围内所有云团的相关系数，取最大者为匹配云团。需要注意的是，在两个亮温函数计算过程中，除计算云团外，其他云团亮温值都被赋值 0。

第三步：选取 t_1 时刻云图的下一个目标云团，重复第一步和第二步，以得到其在对应搜索区的匹配云团，实现云团追踪过程。

由于卫星云图是离散的数字图像，如图 7.3 所示，令 t_1 时刻 f 云团与 t_2 时刻 g 云团大小为 $m \times n$ 的亮温窗口数据分别为 T_f 和 T_g，(i,j) 为目标区中的行列号，所以两云团的相关系数为：

$$r = \frac{\sum\limits_{i=1}^{m} \sum\limits_{j=1}^{n} (T_f(i,j) - \overline{T}_f)(T_g(i,j) - \overline{T}_g)}{\sqrt{\sum\limits_{i=1}^{m} \sum\limits_{j=1}^{n} (T_f(i,j) - \overline{T}_f)^2} \sqrt{\sum\limits_{i=1}^{m} \sum\limits_{j=1}^{n} (T_g(i,j) - \overline{T}_g)^2}} \tag{7-22}$$

其中，$\overline{T}_f$ 和 $\overline{T}_g$ 分别 f 云团和 g 云团的平均亮温。

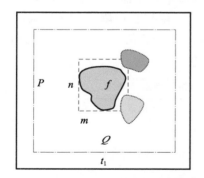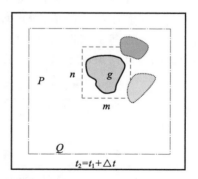

图 7.3　最大相关系数法示意图

在强对流云团的发展演变过程中，常常会发生云团分裂和合并现象，而云团分裂和合并的识别对于云团的动态属性监测有很重要的作用。以下为最大相关系数法在云团追踪过程中遇到分裂与合并现象所进行的处理描述。

对于云团分裂，如图 7.4a 所示，当 t_1 时刻的云团 A 在 t_2 时刻分裂成 B 和 C 时，在计算相关系数时将会有两个较高的正相关系数 r_{AB} 和 r_{AC}（$r_{AB} > r_{AC}$），且系统的面积明显减小，此时根据最大相关系数法，将选 r_{AB}，即云团 B 作为继续追踪的对象，而云团 C 此时默认为新生云团，正常情况下经过一段时间云团 C 将会消散。

对于云团合并,如图 7.4b 所示,t_1 时刻的云团 A' 和 B' 在 t_2 时刻合并成 C'。当被跟踪的云团与其他云团合并时,此时相关系数肯定为正相关,这样可以继续追踪。在云团发展演化过程中,云团的合并可以很容易地通过相关系数变小、面积增大来辨别。

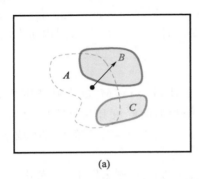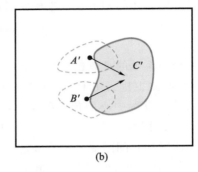

(a)   (b)

图 7.4　云团分裂(a)和云团合并(b)

(图中虚线为 t_1 时刻云团,实线为 t_2 时刻云团)

7.3.3　海上强对流云团分类标准与参数提取

国内外学者对 MCS(中尺度对流系统)发生发展已进行过大量个例分析和数值模拟研究。1980 年 Maddox[1]将基于增强红外云图的 MCS 定义为中尺度对流复合体(MCC),以 TBB 小于 −52 ℃ 的云团面积大于 50000 km²,TBB 小于 −32℃ 的云团面积大于 100000 km²,且持续时间大于 6 h 为判识标准。随后国内外学者对 MCS 作了大量研究后对其进行了修订,Augustine 和 Howard[2]去掉了 TBB 小于 −32 ℃ 的云团面积大于 100000 km² 的判定条件。Jirak 等[3]对 MCS 判识标准进行了改进,将 MCS 分为 α 尺度的 MCC、α 尺度的持续拉伸型对流系统(PECS)、β 尺度对流复合体($M_\beta CS$),β 尺度的持续拉伸型对流系统($M_\beta PECS$)。

而基于红外亮温的强对流云团识别算法以其简单有效而被普遍应用,国内外很多学者针对不同研究区域提出了若干亮温阈值,费增坪等[4,5]依据我国剧烈灾害性天气的强对流系统云团物理量特征,对 Jirak 等的判识标准进行改进,提出了我国的强对流系统判识标准。依据此标准实现强对流的自动判识,如表 7.1 所示。

表 7.1　我国强对流系统判别标准

强对流云团类型	判别标准
MCC/PECS	TBB≤ −52 ℃ 的冷云区面积≥50000 km²
持续期	满足范围大小条件的时期≥6 h
形状	MCC 冷云区最大面积时,偏心率(短轴/长轴)≥0.7 PECS 冷云区最大面积时,0.2≤偏心率(短轴/长轴)<0.7
$M_\beta CS$ /$M_\beta PECS$	TBB≤ −52 ℃ 的冷云区面积≥6400 km²
持续期	满足范围大小两个条件的时期>1 h
形状	$M_\beta CS$ 冷云区最大面积时,偏心率(短轴/长轴)≥0.7 $M_\beta PECS$ 冷云区最大面积时,0.2≤偏心率(短轴/长轴)<0.7

由上述判别标准,除了 7.3.2 节中提及的参数,还需计算各云团偏心率。

假设云团形状近似椭圆,则有拟合椭圆方程:

$$\frac{(x-y_0)^2}{a^2}+\frac{(y-y_0)^2}{b^2}=1 \tag{7-23}$$

其中，x_0 和 y_0 为云团重心坐标；a 为拟合椭圆的长轴；b 为拟合椭圆的短轴。

为求解此方程，令拟合椭圆的中心位于云团的质心，通过最小二乘法拟合可得其长轴和短轴的求解公式：

$$p=\frac{\sum_{i=1}^{n}(x_i-x_0)^2\sum_{i=1}^{n}(y_i-y_0)^4-\sum_{i=1}^{n}(y_i-y_0)^2\sum_{i=1}^{n}(x_i-x_0)^2(y_i-y_0)^2}{\sum_{i=1}^{n}(x_i-x_0)^4\sum_{i=1}^{n}(y_i-y_0)^4-\left[\sum_{i=1}^{n}(x_i-x_0)^2(y_i-y_0)^2\right]^2} \tag{7-24}$$

$$q=\frac{\sum_{i=1}^{n}(x_i-x_0)^2\sum_{i=1}^{n}(x_i-x_0)^2(y_i-y_0)^2-\sum_{i=1}^{n}(y_i-y_0)^2\sum_{i=1}^{n}(x_i-x_0)^4}{\left[\sum_{i=1}^{n}(x_i-x_0)^2(y_i-y_0)^2\right]^2-\sum_{i=1}^{n}(y_i-y_0)^4\sum_{i=1}^{n}(x_i-x_0)^4} \tag{7-25}$$

$$a=\sqrt{\frac{1}{p}}, b=\sqrt{\frac{1}{q}} \tag{7-26}$$

其中，x_i 为云团周边界限，即前文提取的边界的第 i 个观测点的经度值；y_i 为该点的纬度值；n 为边界上值为 -52 ℃ 的 TBB 像素个数；a 为拟合椭圆的长轴；b 为拟合椭圆的短轴。

因此，得到偏心率的计算公式：

$$e=b/a \tag{7-27}$$

云团符合标准的存在持续时间可由追踪结果获取，即对于同一个云团存在的连续时次数量 n，确定其持续时间 t，$t=n\times15\ \text{min}$。

7.3.4　海上强对流预警因子提取与预报

根据预警指数提取预警因子，预警指数分为：一级，对流 241 K；二级，强对流 221 K；三级，上冲对流 211 K。输出的预警因子包括面积、质心、平均亮温、最低亮温、最低亮温中心、云团边界框、预警等级（预警指数）。

根据海上强对流系统自动判识的结果以及海上强对流云团的跟踪结果，利用外推预报技术，进行海上强对流的预警。总体思路是用过去—现在的变化，预测现在—未来的趋势，即预测未来时刻暴雨云团的位置、强度和范围。预报时段分别为 30 min、60 min、90 min 和 120 min。

准确地对卫星云图强对流云团进行识别和追踪，其最终目的是为了得到强对流云团的运动趋势，以便预测未来时刻强对流云团的位置、强度和范围等信息。在实验过程中，临近预报的时效为 2 h，预报时间间隔为 30 min。预报指标包括：位置、面积和强度。

前文已经详细地阐述了强对流云团的识别和追踪过程，并考虑了云团发展演变过程中分裂和合并的情况，得到了较为准确的判断方法。通过最大相关系数得到相邻时次的匹配云团后，连接两云团质心，根据质心位置的变化进行外推，可以大致得到云团的发展方向和移动速度。在此给出两种外推预报方法，具体方法选用可以根据具体地区云团移动规律的统计特征来决定。

1. 线性外推法

线性外推的基本思路是假定云团趋向于直线运动，且云团的属性也趋向于线性变化。拟采用最小线性二乘法进行线性拟合，由拟合得到的回归直线预测未来时间间隔 30 min 的 4 个时次的特征变化。利用最小二乘法进行预报，可避免短时间云体变化而产生的误差，对于具有平直移动轨迹和稳定平移速度的云团，其预报结果比较稳定。

图 7.5 是线性外推预报的示意图，图中 $i=0$ 表示当前时刻，$i=1$ 表示前一时刻，n_t 是与预

报有关的最大时间步数。按照时间链获取目标云团的时间序列,根据目标云团的特征变化可以线性外推未来时刻云团的位置和属性变化。

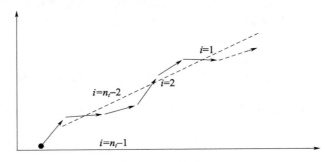

图 7.5 线性外推预报示意图

2. 矢量外推法

当云团在发展演化过程中具有弯曲运动轨迹时,利用线性外推可能会使预报结果产生较大偏差,此时利用矢量外推会有更好效果。如图 7.6 所示,已知当前 t 时刻的云团位置及前两个连续时刻 $t-2\Delta t$ 和 $t-\Delta t$ 的云团位置,预测 $t+\Delta t$ 时刻的云团位置。定义 $t-2\Delta t$ 和 $t-\Delta t$ 时间内云团的移动矢量为 $\boldsymbol{V}(t-1)$,假设云团的方向和强度在 Δt 内没有太大变化,则下一时刻预测矢量为 $\boldsymbol{V}_\mathrm{p}(t)$。同样,当前时刻云团的移动矢量 $\boldsymbol{V}(t)$ 可由 $t-\Delta t$、t 云团质心位置计算得到,这样 t 时刻云团实际位置与预测位置的矢量差为:

$$\Delta\boldsymbol{V}=\boldsymbol{V}(t)-\boldsymbol{V}_\mathrm{p}(t) \tag{7-28}$$

因此,预测矢量位置为:

$$\boldsymbol{V}_\mathrm{e}(t+1)=\boldsymbol{V}(t)+\Delta\boldsymbol{V} \tag{7-29}$$

即 $t+\Delta t$ 时刻云团位置为:

$$\boldsymbol{V}_\mathrm{e}(t+1)=2\boldsymbol{V}(t)-\boldsymbol{V}(t-1) \tag{7-30}$$

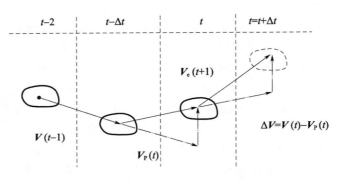

图 7.6 云团位置矢量外推示意图

7.4 算法验证

验证算法将以卫星葵花 8 号云参数产品(H8_CLP)中的云分类(CLTYPE)数据为真值,对判识结果进行检验。判识结果空间分辨率为 $0.04°×0.04°$,H8_CLP 空间分辨率为 $0.05°×$

0.05°,且两者覆盖范围不一致,而 H8_CLP 仅在白天有值,因此,需要将 H8_CLP 进行裁切与降尺度处理,但是在此空间范围内夜间时无法获取验证结果。

根据晨昏线,即 H8_CLP 有值区域覆盖范围,对判识结果云图进行裁切,统一两者数字图像数组大小。对判识结果中非强对流云团的像素赋值 0,强对流云团像素赋值 1,并计算强对流云团像素数 N;对 H8_CLP 中 CLTYPE 深对流赋值 1,否则 0,将处理后的判识结果二值图与处理后的 CLTYPE 数据相乘,计算值为 1 的像素数 n,可得可检测范围内整幅影像中 CLTYPE 的深对流对判识结果的覆盖率$(n/N)\times100\%$,即为判识正确率。

对于单个强对流云团的检验将引入云团的边界框 bbox,根据 bbox 对预处理后的 CLTYPE 与判识结果进行裁切,可得单个云团与其覆盖范围内的葵花 8 号强对流判识结果,重复上述的覆盖率计算方法,可得单个云团的判识正确率。

7.5　个例分析

7.5.1　强对流云团识别结果分析

选用 2019 年 4 月 18 日 03:00—15:00(UTC,下同),共 12 h、48 个时次的数据进行实验,研究范围为整个中国区域及其附近(55°~145°E,5°~55°N)。以 03:00 为初始时次,则在第 2 个时次可生成追踪结果,第 3 个时次将能生成预报结果,但是判识结果至少需要到第 4 个时次才能生成,即 1 h 后才可能出现 β 尺度的强对流云团(M$_\beta$PECS 或 M$_\beta$CS 的持续时间需要至少 1 h),而需要至少 6 h 后才可能出现 α 尺度的强对流云团(MCC 或 PECS 的持续时间需要至少 6 h)。因此,本节在实验结果分析中,主要选择中间时刻(09:00)附近的时段进行分析。

采用的云团命名规则为:时间 T-云团编号 i。时间 T 为云团初次符合亮温面积阈值($S_{TBB\leqslant221\,K}>6400\,km^2$)的时次(年月日时分秒 yyyymmddhhmmss),编号 i 为在该时次影像上初次符合标准($S_{TBB\leqslant221\,K}>6400\,km^2$)的第 i 个云团。对于前后时次的两幅影像 $T1$ 和 $T2$($T2-T1=15$ min),有云团 M 在影像 $T1$ 上,云团 N 在影像 $T2$ 上。当追踪结果显示云团 M 与云团 N 为同一云团时,将云团 M 的名字赋值给云团 N。图 7.7 为 2019 年 4 月 18 日整幅影像追踪结果,从图中追踪效果来看,追踪结果与云团实际移动轨迹吻合,但当云团出现分裂、合并时,会出现误判。

图 7.7a 为 20190418061500-2 号云团 08:15—10:00 7 个时次的移动轨迹与追踪结果。图 7.7b 为 20190418083000-4 号云团 08:30—09:30 4 个时次的移动轨迹与追踪结果。图 7.7c 为多个云团 08:15—10:00 7 个时次的移动轨迹与追踪结果。图 7.7c 的追踪结果显示,云团 20190418074500-1 在 07:45 第一个被识别出来,并在 6 个时次后的 09:15 消散;与此同时,云团 20190418081500-1 在 08:15 被识别出,比前者晚 2 个时次且只持续了 5 个时次,在 09:30 消散;其他 3 个云团在 08:15—09:15 4 个时次内被识别并追踪,其中云团 20190418083000-3 只持续了 4 个时次,在 09:30 消散,云团 20190418083000-2 持续了 5 个时次,在 09:45 消散。从图中可以明显看出,这 5 个云团与图中因存在时间低于 4 个时次而没有标注的云团均存在明显的分裂、合并,但是追踪结果中均未能很好地表现出来。对于云团轮廓清晰明显,没有复杂变化的情况,追踪效果很好。

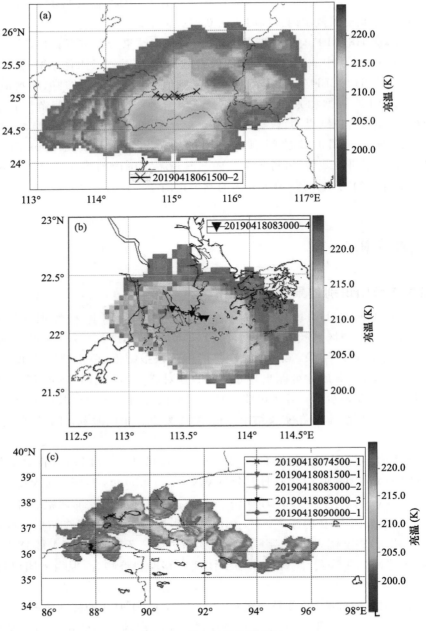

图 7.7　单个云团追踪效果

　　08:15—10:00 7 个时次的强对流识别结果的部分云团参数变化如表 7.2～表 7.4 和图 7.8 所示。整体上,强对流面积变化与平均亮温变化趋势一致,与最低亮温变化趋势相反,亮温标准差变化趋势与偏心率变化趋势、最低亮温变化趋势相反。对于亮温标准差较低的云团,面积较大的云团平均亮温和最低亮温都偏低;而亮温标准差较高的云团,即使面积较小,其平均亮温与最低亮温也会偏低,且呈现出较剧烈的变化趋势。

　　云团 20190418050000-4 在 09:15—09:30 由 $M_\beta CS$ 发展成 $M_\beta PECS$,具体参数如表 7.2 所示。在此前的 1 个时次(09:00—09:15),偏心率迅速下降,其平均亮温变化曲线出现陡坡,下降了 1.68 K,在 09:15—09:30 持续下降了 0.96 K,之后略有回升,而其面积在 09:00—09:15 下降了几乎三分之一,亮温标准差则在 08:45—09:15 间迅速提升,2 个时次内提高了 0.8 K,之后变化开始平缓,最低亮温在 08:30—09:00 迅速下降,2 个时次内下降了 4.29 K,在 09:00—09:30 回升了 2.12 K 后继续下降。

云团 20190418061500-2 未出现形状变化,6 个时次内一直是 $M_\beta PECS$,具体参数如表 7.3 所示。偏心率大体呈现先下降后增加的变化趋势,09:45 达到 0.64,08:15—09:00 面积持续增加,平均亮温则略有下降,4 个时次内仅下降了 0.24 K,09:00—09:15 平均亮温和面积均呈现下降趋势,而后持续增加,最低亮温在 09:00—09:30 提高了 2.11 K,亮温标准差略有减少。

云团 20190418063000-1 在 09:00—09:15 由 $M_\beta PECS$ 发展为 $M_\beta CS$,具体参数如表 7.4 所示。在 6 个时次内偏心率持续走高,09:00—09:15 由 0.66 迅速提升为 0.90,平均亮温出现缓慢抬升,之后开始迅速增加,面积出现短暂下降,09:30 后迅速增加,其变化趋势与平均亮温一致,最低亮温在 09:00—09:30 上升了 2.1 K,之后略有回落,亮温标准差呈现出与之相反的变化趋势,其在 09:00—09.30 持续下降后略有抬升。

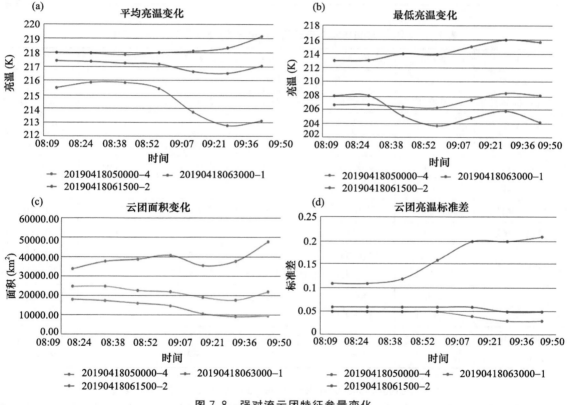

图 7.8　强对流云团特征参量变化

表 7.2　20190418050000-4 号云团 08:30—09:45 6 个时次参数变化

成像时间	08:30	08:45	09:00	09:15	09:30	09:45
云团类型	$M_\beta CS$	$M_\beta CS$	$M_\beta CS$	$M_\beta CS$	$M_\beta PECS$	$M_\beta PECS$
面积(km²)	17137.02	15885.94	14576.88	10460.45	8958.58	9348.09
周长(km)	617.47	540.22	570.16	441.71	366.39	355.08

成像时间	08:30	08:45	09:00	09:15	09:30	09:45
持续时间(h)	3.50	3.75	4.00	4.25	4.50	4.75
平均亮温(K)	215.89	215.88	215.46	213.78	212.82	213.16
偏心率	1.04	1.13	1.14	0.80	0.66	0.66
最低亮温(K)	207.93	205.05	203.64	204.80	205.76	204.17
亮温标准差	0.11	0.12	0.16	0.20	0.20	0.21
质心(E,N)	[137.29°, 8.52°]	[137.28°, 8.58°]	[137.24°, 8.65°]	[137.22°, 8.82°]	[137.10°, 8.89°]	[137.03°, 8.89°]
几何中心(E,N)	[137.28°, 8.52°]	[137.28°, 8.60°]	[137.24°, 8.68°]	[137.20°, 8.84°]	[137.08°, 8.92°]	[137.00°, 8.92°]
最低亮温中心(E,N)	[137.07°, 8.85°]	[137.47°, 8.87°]	[137.40°, 8.92°]	[137.35°, 8.95°]	[137.25°, 8.92°]	[137.05°, 8.87°]

表 7.3 20190418061500-2 号云团 08:30—09:45 6 个时次参数变化

成像时间	08:30	08:45	09:00	09:15	09:30	09:45
云团类型	M_β PECS	M_β PECS	M_β PECS	M_β PECS	M_β PECS	M_β PECS
面积(km²)	37609.17	38752.63	40771.56	35357.98	37716.37	47619.12
周长(km)	1016.43	1078.49	1285.85	954.89	1100.71	1045.80
持续时间(h)	2.25	2.50	2.75	3.00	3.25	3.50
平均亮温(K)	217.43	217.31	217.25	216.69	216.57	217.12
偏心率	0.44	0.42	0.48	0.67	0.62	0.64
最低亮温(K)	206.65	206.33	206.21	207.36	208.32	208.00
亮温标准差	0.06	0.06	0.06	0.06	0.05	0.05
质心(E,N)	[114.81°, 24.99°]	[114.94°, 24.99°]	[115.05°, 25.00°]	[115.03°, 25.00°]	[115.10°, 24.98°]	[115.35°, 25.05°]
几何中心(E,N)	[114.80°, 25.00°]	[114.92°, 25.00°]	[115.04°, 25.00°]	[115.00°, 25.00°]	[115.08°, 25.00°]	[115.32°, 25.08°]
最低亮温中心(E,N)	[113.80°, 24.70°]	[113.92°, 24.64°]	[114.04°, 24.62°]	[114.20°, 24.62°]	[114.34°, 24.62°]	[114.44°, 24.44°]

表 7.4 20190418063000-1 号云团 08:30—09:45 6 个时次参数变化

成像时间	08:30	08:45	09:00	09:15	09:30	09:45
云团类型	M_β PECS	M_β PECS	M_β PECS	M_β CS	M_β CS	M_β CS
面积(km²)	24624.02	22493.05	21802.46	18965.53	17515.29	21796.18
周长(km)	1161.57	1177.00	1229.28	1003.74	998.09	1068.71
持续时间(h)	2.00	2.25	2.50	2.75	3.00	3.25
平均亮温(K)	218.02	217.92	218.05	218.16	218.39	219.21

续表

成像时间	08:30	08:45	09:00	09:15	09:30	09:45
偏心率	0.64	0.66	0.66	0.90	0.92	0.93
最低亮温(K)	213.07	214.02	213.89	215.04	215.99	215.66
亮温标准差	0.05	0.05	0.05	0.04	0.03	0.03
质心(E,N)	[64.40°, 47.55°]	[64.65°, 47.69°]	[64.86°, 47.86°]	[64.98°, 48.04°]	[65.27°, 48.17°]	[65.54°, 48.35°]
几何中心(E,N)	[64.36°, 47.56°]	[64.64°, 47.72°]	[64.84°, 47.88°]	[64.96°, 48.08°]	[65.24°, 48.20°]	[65.52°, 48.36°]
最低亮温中心(E,N)	[63.84°, 47.81°]	[64.42°, 47.73°]	[65.20°, 47.14°]	[65.30°, 47.64°]	[65.53°, 47.75°]	[65.82°, 47.37°]

云团质心、几何中心、最低亮温中心的变化轨迹如图 7.9 所示,其质心和几何中心移动轨迹一致,都是趋向于线性移动,且两者距离非常接近。图 7.9a 为由 $M_\beta CS$ 发展为 $M_\beta PECS$ 的云团 20190418050000-4,其质心和几何中心向西北方向移动,而其最低亮温中心却作了一个逆时针旋转。图 7.9b 为由 $M_\beta PECS$ 发展为 $M_\beta CS$ 的云团 20190418063000-1,其最低亮温中心出现较大的南北方向波动,整体向东移动,与质心和几何中心移动趋势一致。图 7.9c 为 $M_\beta PECS$ 云团 20190418061500-2,其最低亮温中心与质心和几何中心非常远,经向距离约有 1°,纬向距离约 0.3°,但其移动趋势与质心一致,均为向东移动。

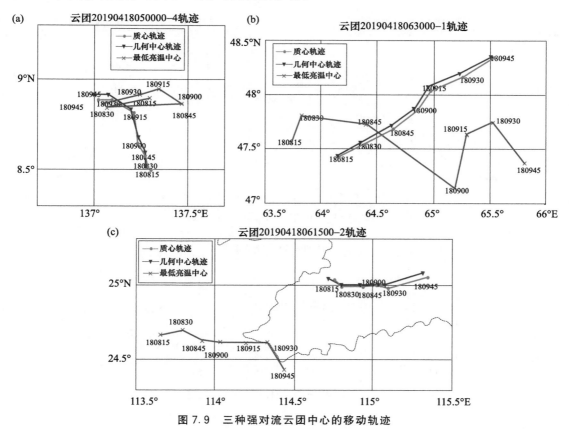

图 7.9　三种强对流云团中心的移动轨迹

由此可以发现,当强对流云团形态发生拉伸时,最低亮温中心发生复杂的移动变化,而亮温标准差的变化也体现了其内部的巨大的温度波动,平均亮温与最低亮温剧烈波动也同样显示了这一点。同时,其整体的温度变化呈现出迅速下降的趋势,且下降陡坡出现在强对流云团形态发生变化的前 1 个时次(约 15 min 前),变化将持续 2 个时次(约 30 min)。当强对流云团形态发生收缩时,整体亮温略有提升,亮温标准差略有下降,云团内变化较为平缓,且温度梯度减小,云团最低亮温中心的变化轨迹将会出现较大波动,呈现扩散趋势。持续稳定的 $M_\beta PECS$ 最低亮温中心与质心相距甚远,其整体变化趋势相较于发生了形态变化的强对流云团更为平缓。

7.5.2 强对流云团外推预报结果分析

本节将对 7.4.1 节中提取的强对流云团进行预报分析,首先以 t 为当前时次,提取当前时次与前推 2 个时次 $t-\Delta t$ 和 $t-2\Delta t(\Delta t=15$ min) 的强对流云团几何参数信息,筛选出 3 个连续时次均有数据的云团,利用其质心轨迹以及相关特征参数进行外推预报,输出未来 1 h 内共 4 个时次($t+\Delta t$、$t+2\Delta t$、$t+3\Delta t$、$t+4\Delta t$)的预报结果。本节的实验将使用 7.4.1 节的识别结果,$t=09:00$,则输入数据的 3 个时次分别为 08:30、08:45、09:00,输出 09:15—10:15 4 个时次的预测数据。其中,3 个云团 09:15—10:15 的质心轨迹外推预报结果与识别结果中提取的质心轨迹如图 7.10 所示,误差如表 7.5 所示。这 3 个云团的特征参量预报结果与识别结果中提取的特征参量如图 7.11 所示,误差如表 7.6 所示。在识别结果中,这 3 个云团分别是:20190418063000-1 为 $M_\beta CS$;20190418061500-2 为 $M_\beta PECS$;20190418050000-4 为 $M_\beta CS$。其中,20190418050000-4 在 09:15—09:30 形态拉伸发展为 $M_\beta PECS$。

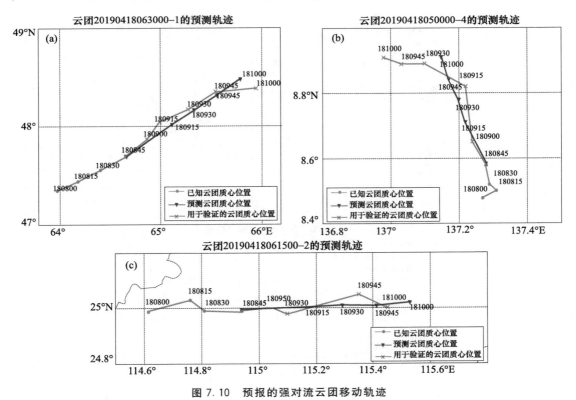

图 7.10 预报的强对流云团移动轨迹

由图 7.10 可知,当云团轨迹呈线性移动趋势时,其预测轨迹移动方向与实际云团移动方向较一致,但是难以表现出转折信息。4 个时次内这 3 个强对流云团轨迹预测结果与质心实际位置的距离误差如表 7.5 所示,平均误差分别为 0.10°、0.12°、0.15°。其中,对 $M_\beta CS$ 20190418063000-1 的预测效果最好,对出现了形态变化的云团 20190418050000-4 的预测效果最差。

表 7.5　强对流云团预测轨迹距离误差

时次	20190418063000-1	20190418061500-2	20190418050000-4
09:15	0.12°	0.14°	0.11°
09:30	0.06°	0.19°	0.15°
09:45	0.04°	0.07°	0.15°
10:00	0.18°	0.08°	0.17°
平均	0.10°	0.12°	0.15°

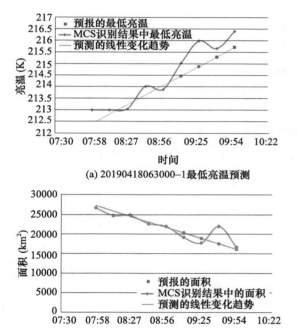

(a) 20190418063000-1最低亮温预测

(c) 20190418063000-1面积预测

(e) 20190418061500-2平均亮温预测

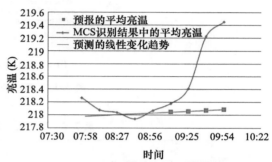

(b) 20190418063000-1平均亮温预测

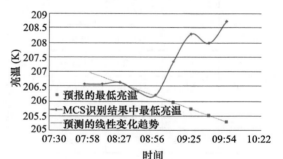

(d) 20190418061500-2最低亮温预测

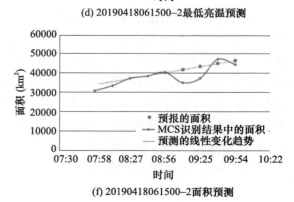

(f) 20190418061500-2面积预测

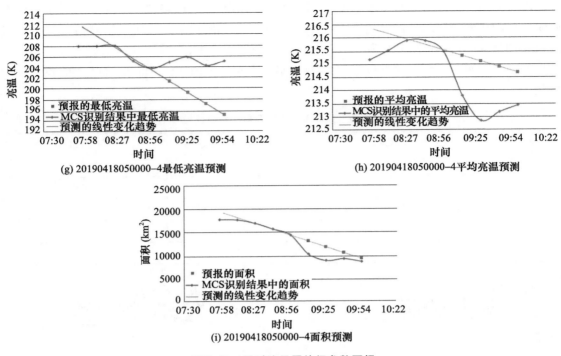

(g) 20190418050000–4最低亮温预测

(h) 20190418050000–4平均亮温预测

(i) 20190418050000–4面积预测

图7.11　强对流云团特征参数预报

表7.6　强对流云团特征参数预报误差

时次	20190418063000-1			20190418061500-2			20190418050000-4		
	最低亮温 (K)	平均亮温 (K)	面积 (km²)	最低亮温 (K)	平均亮温 (K)	面积 (km²)	最低亮温 (K)	平均亮温 (K)	面积 (km²)
09:15	−0.56	−0.13	1186.1	−1.40	0.46	6848.8	−3.55	1.53	2846.0
09:30	−1.10	−0.35	1225.5	−2.58	0.49	6071.6	−6.66	2.28	3067.8
09:45	−0.36	−1.15	−4466.1	−2.48	−0.15	−2249.9	−7.21	1.72	1398.2
10:00	−0.69	−1.36	−480.4	−3.46	−0.13	2105.3	−10.13	1.26	721.9
平均误差	−0.68	−0.75	−633.7	−2.48	0.17	3194.0	−6.89	1.70	2008.5

　　云团特征参量预报结果显示，整体上，面积预测的变化趋势与实际变化趋势一致，平均亮温的预测变化趋势同实际变化趋势一致，但是无法预测出温度的突变。最低亮温的预测效果极不稳定，会出现预测结果与实际参数相反的情况。$M_\beta CS$ 20190418063000-1的最低亮温和面积预测效果相较其他2个云团是最好的。而对于出现了形态拉伸的云团 20190418050000-4 的预测效果最差，其平均最低亮温误差达到了−6.89 K，而最高误差达到了−10.13 K。对 $M_\beta PECS$ 20190418061500-2 的平均最低亮温预测效果同样较差，达到了−2.48 K。由此可以发现，当云团出现形态拉伸时，对云团特征参数进行线性外推预报的准确性将受到极大影响，因为形态拉伸时其温度梯度较大且变化迅速。

参考文献

[1] Maddox R A. Mesoscale convective complexes[J]. Bull Amer Meteor Soc,1980,61:1374-1387.

[2] Augustine J A,Howard K W . Mesoscale convective complexes over the United States during 1986 and 1987[J]. Monthly Weather Review,1991,119(7):1575-1589.

[3] Jirak I L,Cotton W R,Mcanelly R L . Satellite and radar survey of mesoscale convective system development[J]. Monthly Weather Review,2003,131(10):2428.

[4] 费增坪,王洪庆,张炎,等 . 基于静止卫星红外云图的 MCS 自动识别与跟踪[J]. 应用气象学报,2011,22(1):115-122.

[5] 费增坪,郑永光,张焱,等 . 基于静止卫星红外云图的 MCS 普查研究进展及标准修订[J]. 应用气象学报,2008,(1):82-90.